Maxim F. Wöllmann

Beschilderung am Bahnübergang

AF141261

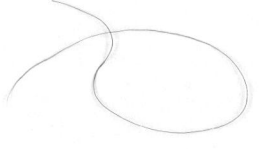

Maxim F. Wöllmann

Beschilderung am Bahnübergang

Aufmerksamkeit frühzeitig erhöhen

Reihe Realwissenschaften

Impressum / Imprint

Bibliografische Information der Deutschen Nationalbibliothek: Die Deutsche Nationalbibliothek verzeichnet diese Publikation in der Deutschen Nationalbibliografie; detaillierte bibliografische Daten sind im Internet über http://dnb.d-nb.de abrufbar.

Alle in diesem Buch genannten Marken und Produktnamen unterliegen warenzeichen-, marken- oder patentrechtlichem Schutz bzw. sind Warenzeichen oder eingetragene Warenzeichen der jeweiligen Inhaber. Die Wiedergabe von Marken, Produktnamen, Gebrauchsnamen, Handelsnamen, Warenbezeichnungen u.s.w. in diesem Werk berechtigt auch ohne besondere Kennzeichnung nicht zu der Annahme, dass solche Namen im Sinne der Warenzeichen- und Markenschutzgesetzgebung als frei zu betrachten wären und daher von jedermann benutzt werden dürften.

Bibliographic information published by the Deutsche Nationalbibliothek: The Deutsche Nationalbibliothek lists this publication in the Deutsche Nationalbibliografie; detailed bibliographic data are available in the Internet at http://dnb.d-nb.de.

Any brand names and product names mentioned in this book are subject to trademark, brand or patent protection and are trademarks or registered trademarks of their respective holders. The use of brand names, product names, common names, trade names, product descriptions etc. even without a particular marking in this works is in no way to be construed to mean that such names may be regarded as unrestricted in respect of trademark and brand protection legislation and could thus be used by anyone.

Coverbild / Cover image: www.ingimage.com

Verlag / Publisher:
AV Akademikerverlag
ist ein Imprint der / is a trademark of
OmniScriptum GmbH & Co. KG
Heinrich-Böcking-Str. 6-8, 66121 Saarbrücken, Deutschland / Germany
Email: info@akademikerverlag.de

Herstellung: siehe letzte Seite /
Printed at: see last page
ISBN: 978-3-639-47853-2

Inhaltsverzeichnis

1 Einleitung

1.1 Motivation

Bahnübergänge gehören in Deutschland und Europa zu einer aussterbenden Spezies. Sollte man sich also mit Instrumentarien auseinandersetzen, die es in geraumer Zeit vielleicht nicht mehr geben wird? In jedem Fall! Zwar ist die niveaufreie Kreuzung von Straße und Schiene die sicherste Variante der Begegnung, jedoch wird es auch in Zukunft schwach belastete Begegnungspunkte dieser beiden Verkehrsträger geben, die sich ob des Platzbedarfes oder der Kosten nicht rationalisieren oder technisch sichern lassen.

Seit einigen Jahren ist die „Vision Zero" ein bedeutendes Thema bei Sicherheitsdiskussionen in der Fachwelt. Doch allzu oft hat es den Anschein, dass diese nur für den Straßenverkehr gilt, da hier sicherlich die höchsten Unfallzahlen im Verkehrssektor zu verzeichnen sind. Ist es aber für ein Ziel von null Verkehrstoten nicht auch nötig, weniger häufig, aber umso schwerer betroffene Elemente – welche nicht ausschließlich dem Straßenbenutzer vorbehalten sind – in ihrer Sicherheit zu überprüfen und zu verbessern?

Neben Unachtsamkeit ist laut Statistischem Bundesamt (2012) nicht angepasste Geschwindigkeit die häufigste Ursache für Unfälle im Straßenverkehr. Am Bahnübergang kann mangelnde Aufmerksamkeit zum letzten Fehler werden, wenn es zum Unfall kommt. „97 % der Unfälle an BÜ werden durch Verstöße gegen die StVO, 2 % durch menschliches Versagen des Bahnpersonals und 1 % durch Versagen der Technik verursacht." (Freystein, et al., 2003) Sicherlich wird es denjenigen, die unbedingt den Bahnübergang auch in gefährlichen Situationen überqueren wollen, immer gelingen, dies zu tun. Man kann es ihnen nur schwerer machen. Aber denjenigen, welche aus Unachtsamkeit gegen die StVO verstoßen, kann durch eine deutlichere Warnung geholfen werden. „Viele Unfälle könnten vermieden werden, wenn die Auffälligkeit der Beschilderung noch weiter verbessert würde, unabhängig davon, ob der Bahnübergang technisch gesichert ist oder nicht." (Seehafer, 1997)

Das richtige Verhalten kann indes lediglich über Aufklärungskampagnen erreicht werden, weil vielen nicht bewusst ist, „[…] dass man als Verkehrsteilnehmer an nicht technisch gesicherten BÜ selbst der sichernde Teil durch ‚Sehen in die Bahnstrecke, Hören auf akustische Zeichen der Eisenbahnfahrzeuge und Warten vor dem BÜ' nach den geltenden Regeln darstellt." (Freystein, et al., 2003)

Die Warnung jedoch vor Stellen, an denen dieses Verhalten gezeigt werden soll, ist genau der Teil, welcher mittels Feld- oder Simulatorstudien – und somit in dieser Arbeit – erforscht werden kann. Hierbei bieten vor allem die Modellierung und der Test unter stets gleichen Rahmenbedingungen im Labor, einen hohen Vorteil in den Punkten Kosten und Genehmigung. Zwar kann nicht alles sinnvoll in einem Simulator getestet werden, dennoch sollte die Überlegung hierzu nicht kategorisch unterschlagen werden.

„Die Wirksamkeit eines Signals hängt davon ab, ob und bis zu welchem Grade es die Aufmerksamkeit erregt, ob ihm die richtige Bedeutung [...] verliehen wird und ob der Aufforderungscharakter so wirksam gestaltet ist, daß die entsprechende Handlung beim Verkehrsteilnehmer ausgelöst wird. Zeitlich gesehen muß die Entfaltung der besten Wirkung der Signalisation mit dem günstigsten Zeitpunkt der Handlungsauslösung zusammenfallen; dadurch wird eine elastische Anpassung erleichtert." (Haase, 1956); (*Bild 1*)

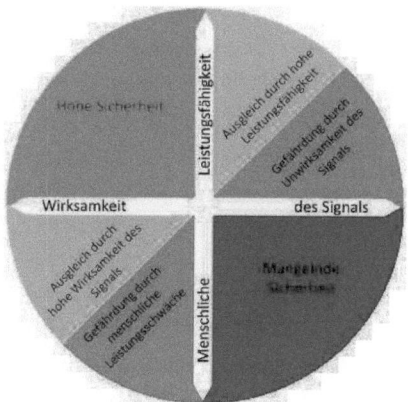

Bild 1: Abhängigkeit zwischen menschlicher Leistungsfähigkeit und Wirksamkeit von Signalen (Haase, 1956)

Es bedarf also einer Erhöhung der Wirksamkeit bzw. Auffälligkeit eines Signals, um mangelnde menschliche Leistungsfähigkeit auszugleichen und die Aufmerksamkeit des Wegbenutzers zu erhöhen. In dieser Arbeit sollen hierfür Lösungen gefunden werden, damit auch an nichttechnisch gesicherten Bahnübergängen eine hohe Sicherheit gewährleistet werden kann.

1.2 Zielstellung

Die Arbeit soll nach eingehender Literaturanalyse und Test der gewählten Maßnahmen im Fahrsimulator einen grundsätzlichen ersten Überblick zur frühzeitigen Erhöhung der Aufmerksamkeit von Kraftfahrern bei Annäherung an Bahnübergänge sowie erste Ergebnisse liefern. Auch die Erkenntnisse aus der Nutzung eines Fahrsimulators, als auch die Untersuchung der eingangs beschriebenen Thematik sollen dabei eine Grundlage für aufbauende Arbeiten bieten. Nach Möglichkeit sollen Empfehlungen für die weitere Betrachtung sowie die untersuchten Maßnahmen ausgesprochen werden.

1.3 Vorgehensweise

Zunächst wird in *Kapitel 2* die grundsätzliche Einordnung der Arbeit vorgenommen sowie im Hauptteil die in der Literaturanalyse gefundenen Lösungen in das Modell nach Lerner et al. (2002) eingeordnet und dargestellt. Im *Kapitel 3* werden die zuvor genannten Maßnahmen diskutiert, bewertet und diejenigen ausgewählt, welche im Simulator getestet werden sollen. Die Beschreibung des Versuchsaufbaus sowie der zu erfassenden Messgrößen erfolgt im *Kapitel 4*, während der Ablauf der Versuche im *Kapitel 5* näher beschrieben wird. Das *Kapitel 6* stellt die Ergebnisse der Arbeit dar und diskutiert diese anschließend. Den Abschluss bildet das *Kapitel 7*, welches sowohl einen Überblick der vorliegenden, als auch einen Ausblick für mögliche folgende Arbeiten geben soll.

2 Analyse möglicher Lösungen

Wie bei vielen verkehrlichen Problemen ist auch während der Literaturanalyse für die vorliegende Arbeit frühzeitig ersichtlich geworden, dass es auch hier kein Standardrezept für die Lösung gibt. Eine differenzierte Betrachtung muss vornan gestellt werden, wobei dies nicht nur für die Vielfältigkeit der Maßnahmen und deren Umfang, sondern vor allem für die Einordnung der Lösungen am Bahnübergang gilt.

Das *Bild 3* stellt den Gesamtprozess der Annäherung an einen Bahnübergang samt der Folgen grafisch dar. Die vorliegende Arbeit soll sich hierbei mit dem dritten Entscheidungsfeld „Ist der Bahnübergang ausreichend erkennbar?" auseinandersetzen bzw. Lösungen aufzeigen, den Anteil des Abzweiges „Nein" zu verringern und die Entscheidung so früh wie möglich vor der Gefahrenstelle mit „Ja" zu beantworten.

Eine Kategorisierung der Annäherungsbereiche an BÜ wurde bereits durch Lerner et al. (2002) vorgenommen, sodass folgende Abschnitte (vgl. *Bild 2*) definiert wurden:

1. Frühe Anfahrtszone (Advance Approach Zone)

2. Anfahrtszone (Approach Zone)

3. Verlustzone (Nonrecovery Zone)

4. Risikozone (Hazard Zone)

Um gefundene Lösungen später besser auswählen zu können, wurde bereits an dieser Stelle die Standorteinordnung in dieses Muster vorgenommen und wird im Folgenden für die Darstellung der Maßnahmen ebenfalls benützt. Zu beachten ist hierbei, dass trotz der Lage der Maßnahme in einer bestimmten Zone die Wirkung dieser auch über die Bereichsgrenze hinaus bis zu der Sichtweite wirkt, in der das Objekt eindeutig für den Fahrer erkennbar und begreifbar ist.

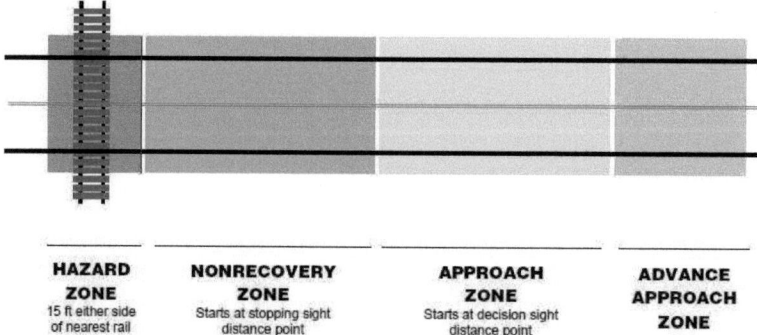

HAZARD ZONE
15 ft either side of nearest rail

NONRECOVERY ZONE
Starts at stopping sight distance point

APPROACH ZONE
Starts at decision sight distance point

ADVANCE APPROACH ZONE

Bild 2: Annäherungsbereiche an Bahnübergänge (Lerner, et al., 2002)

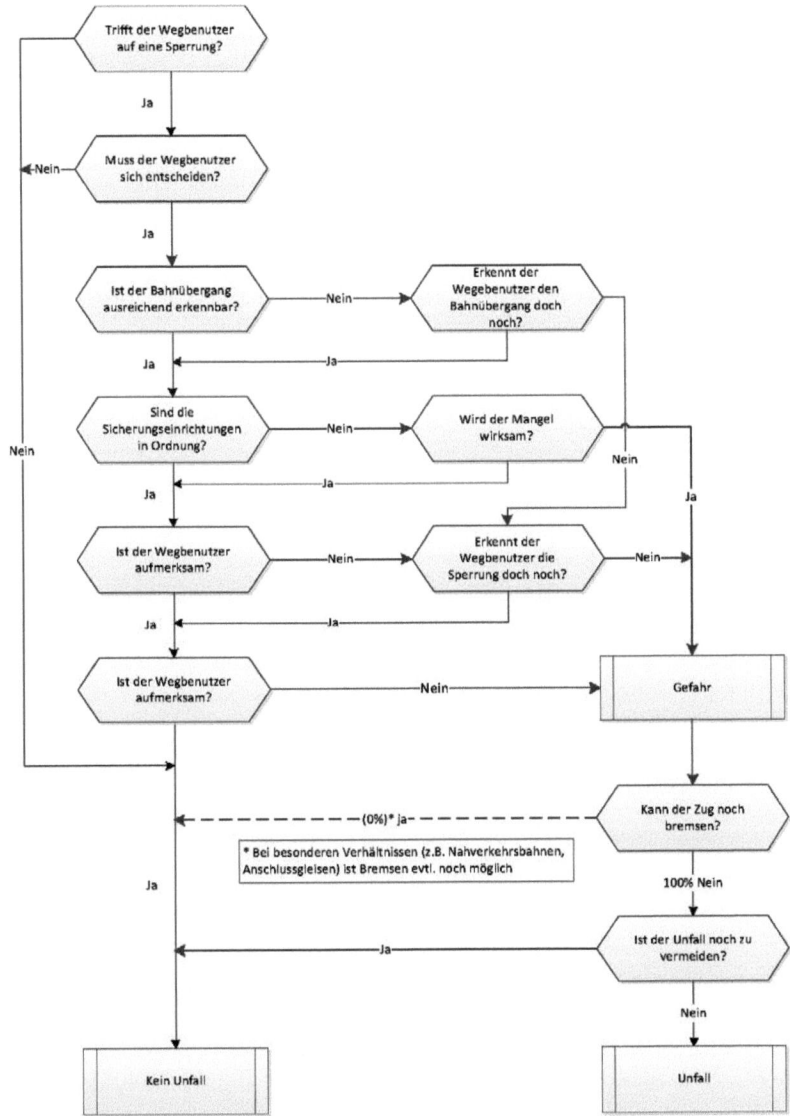

Bild 3: Einflüsse und deren Zusammenwirken bei der Entstehung und der Vermeidung von Unfällen an Bahnübergängen (Heilmann, 1984)

2.1 Frühe Anfahrtszone

In dieser ersten nach Lerner et al. (2002) definierten Zone soll dem Fahrer zunächst die Information über das zu erwartende Risiko (BÜ und ggf. Sicherungsart) unterbreitet werden, ohne dass er bereits von diesem beeinflusst werden könnte.

Dieser Bereich ist also auf Höhe des Gefahrzeichens BÜ (StVO Z151) zu definieren. Da die Darbietung der ersten Information über den BÜ aufgrund der Geschwindigkeiten bzw. der Ortslage (innerorts/außerorts) verschiedene Entfernungen zur Eisenbahnkreuzung aufweisen kann, ist eine allgemeingültige Abstandsdefinition in Metern nicht festgelegt.

In der Literatur fanden sich nun folgende Maßnahmen, die in diesem Bereich anzusiedeln wären:

Dialog Display

Beim Dialog Display handelt es sich um ein dynamisches Schild, welches eine individuelle Rückmeldung gegenüber dem Fahrzeugführer ermöglicht. In der vorliegenden Untersuchung wurde ein von Rösiger (2006) für Bahnübergänge optimiertes System getestet. Im *Bild 4* ist die Anordnung vor einem nichttechnisch gesicherten BÜ sowie die Anzeigevariation in Abhängigkeit von der gefahrenen Geschwindigkeit zu sehen. Mithilfe von Radarsensoren wird überprüft, ob das gemessene Fahrzeug die vorgegebene Höchstgeschwindigkeit einhält oder nicht. Im Falle eines Verstoßes wird im dynamischen Textteil des Schildes gelb „Achtung!" und rot „Langsam!" eingeblendet. Wird die Geschwindigkeit eingehalten, erscheint hingegen nur gelb „Achtung!" im Display. Somit stellt das System sicher, dass jeder Fahrzeugführer zur erhöhten Aufmerksamkeit gerufen wird, unabhängig davon, ob sich ein Zug nähert oder nicht. Dadurch, dass auch Dritte über das Fehlverhalten anderer informiert werden und somit der Diskomfort für den Einzelnen bei Zuwiderhandeln steigt, soll das System eher als Teil der Verkehrserziehung betrachtet werden.

Als Ergebnis stellte Rösiger (2006) eine Verbesserung der Geschwindigkeitswerte und des Blickverhaltens am betrachteten Bahnübergang fest. Hierbei nahm die mittlere Geschwindigkeit während der ersten sowie der zweiten Interventionsphase um ca. 5 km/h ab. Das Sicherungsverhalten der Fahrer durch Kopfbewegungen nahm hingegen in der ersten Interventionsphase um 23 % und in der zweiten um 12 % zu. Weiterhin konnte für das Geschwindigkeits- und Sicherungsverhalten während der Interventionsphasen kein Gewöhnungseffekt festgestellt werden, denn das Niveau der Verbesserungen blieb über einen längeren Zeitraum (19 Wochen) konstant.

Bild 4: Dialog Display am BÜ und mit Anzeigevarianten (Rösiger, 2006)

In Österreich werden Dialog Displays bereits verwendet (*Bild 5*). Diese geben dem sich nähernden Fahrzeugführer jedoch keine individuelle Handlungsanweisung, sondern zeigen lediglich in blinkender Weise das Gefahrzeichen „unbeschrankter Bahnübergang" sowie eine Entfernungsangabe zum BÜ (EBE Solutions, 2010).

Eine andere Form des Dialog Displays stellt Barber (2010) in Australien vor. Das „Crossing Oracle" genannte System berechnet auf Grundlage von Wetter, Zeit, Geschwindigkeit und Zugankunft die Wahrscheinlichkeit für einen Unfall und kommuniziert diese sowohl an den Fahrzeug- als auch an den Zugführer. Zusätzlich wird der gefährliche Bereich des Bahnübergangs noch mit einem gelben „Diamond Grid" markiert (*Bild 6*).

Bild 5: ISIS-EK WVZ
(EBE Solutions, 2012)

Bild 6: Crossing Oracle (Barber, 2010)

Funkwarnsysteme

Neben der Verwendung bekannter Maßnahmen aus anderen Bereichen gibt es auch Entwicklungen, welche völlig neue Systeme für die Absicherung nichttechnisch gesicherte Bahnübergänge einsetzten. So beruht das vom Department of Transportation of Minnesota vorgestellte System (Rickel, 2003) auf der Funkübertragung, welche bei der gleichzeitigen Annäherung von Straßen- und Schienenfahrzeug im Kraftwagen eine Warnung über ein speziell verbautes Cockpitteil erzeugt (*Bild 7*). Die Funktionsweise basiert auf einem Dreipunktsystem (*Bild 8*), bei welchem der sich nähernde Zug ein Signal an einen Empfänger am BÜ sendet, welcher wiederum die Warninformation an sich nähernde Kraftfahrzeuge weiter gibt.

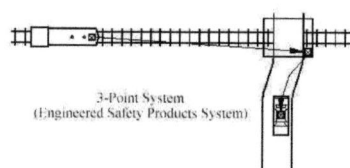

Bild 8: Dreipunktsystem (Caroll, et al., 2001)

Bild 7: Cockpit-Warnung (Rickel, 2003)

Ähnliche Gedanken mit weniger spezieller Fahrzeugausrüstung werden auch in Deutschland verfolgt, wenn auch noch nicht für den Bereich von Eisenbahnquerungen. So wurden 2010 in Nordrhein-Westfalen erstmals Sicherungsschutzanhänger für die Absicherung von Autobahnbaustellen mit einem CB-Funkwarnsystem ausgestattet, welches speziell Lkw-Fahrer in mehreren Sprachen auf die Gefahrenstelle aufmerksam machen soll (Klöpper, 2010).

Gelbes Blinklicht

Bereits aus anderen Bereichen des Straßenverkehrs sind gelbe Blinklichter bekannt. Diese werden beispielsweise an schlecht einsehbaren Fußgängerüberwegen, beim Abbiegen an Kreuzungen oder vor Baustellen (*Bild 9*) verwendet. Die StVO definiert hierzu in §38 Absatz 3 „Gelbes Blinklicht warnt vor Gefahren. Es kann ortsfest oder von Fahrzeugen aus verwendet werden. [...]" (StVO, 2010)

Bild 9: Fahrbare Absperrtafeln StVO Zeichen 615 und 616 (Kaube, 2006)

Variation der Ankündigungszeichen

Seit 01.09.2009 gibt es in Deutschland nur noch ein Gefahrzeichen (*Bild 10* links, StVO Z151), welches auf einen Bahnübergang – gleich ob beschrankt, unbeschrankt, passiv oder aktiv gesichert – hinweist (Schöne, 2009). Obwohl bereits zuvor keine eindeutige Handlungsanweisung gegeben wurde, ist der Kraftfahrer jetzt erst recht auf sich allein gestellt. „Für den Straßenverkehrsteilnehmer ist nicht der Unterschied zwischen beschranktem und unbeschranktem Bahnübergang, sondern das Bestehen bzw. Fehlen einer technischen Sicherung entscheidend." (Schöne, 2009)

In Israel gibt es unterschiedliche Gefahrzeichen zur Ankündigung der verschiedenen Sicherungsarten (Shinar, et al., 1982). Übertragen auf deutsche Verkehrszeichen sähen diese wie in *Bild 10* gezeigt aus. Die roten Punkte oberhalb der Sinnbilder verdeutlichen die technische Sicherung des Bahnübergangs (rotes Lichtzeichen), sodass die Reihenfolge der gezeigten Bilder (v. l. n. r.) vor einem passiven, einem unbeschrankten BÜ mit Lichtzeichen und einem BÜ mit Schranken und Lichtzeichen warnen.

Bild 10: Variation der Ankündigung von BÜ, vgl. (Shinar, et al., 1982); Rohbilder: (Kaube, 2006)

2.2 Anfahrtszone

Nach dem Bereich, in dem über das Risiko informiert wird, folgt laut Definition von Lerner et al. (2002) die Anfahrtszone, in welcher der Fahrer bereits aktiv nach einem Zug bzw. der Sicherung Ausschau halten soll. Um dies zu realisieren, müssen natürlich entsprechende Sichtflächen freigehalten werden.

In dieser Zone ist bereits die Aufmerksamkeit des Kraftfahrzeugführers gefordert und sollte nicht durch weitere Informationen oder Aufmerksamkeitsmaßnahmen vom Risiko abgelenkt werden. Laut Lerner et al. (2002) erfolgt die Informationsbeschaffung vor allem durch die Beobachtungen des Fahrzeuglenkers, die lediglich durch ausgewiesene Geschwindigkeitsbeschränkungen unterstützt werden sollten. Dieser Umstand führt dazu, dass für die Einordnung in diesen Bereich keine Maßnahmen während der Literaturanalyse gefunden werden konnten.

2.3 Verlustzone

Hier muss ein Kraftfahrer bereits auf eine Gefahr reagiert haben, um noch sicher vor der Risikozone zum Stehen zu kommen. Folglich beginnt die Verlustzone mit dem Punkt, an dem die Haltesichtweite bis zum Andreaskreuz eingehalten wird.

Fahrbahnteiler

Vor allem gegen das Problem der Halbschrankenumfahrung werden von Freystein et al. (2003), Menge (2008) sowie Seehafer (1997) Fahrbahnteiler als Lösung genannt. (*Bild 11* und *Bild 12*)

„Hier reicht die Bandbreite vom Einbau von Mittelinseln bei gleichzeitiger Aufweitung der Fahrbahn – als kostenintensivste Variante – über bauliche Mitteltrennung durch Gleitwandkonstruktionen unterschiedlichster Art, bis hin zu Leitschwellen und Doppelstrichmarkierung – als kostengünstigste Variante – wie sie beispielsweise bei der Sicherung von Arbeitsstellen Anwendung finden." (Menge, 2008)

Laut Seehafer (1997) wird die Sicherheit an Bahnübergängen besonders durch die Reduzierung der Geschwindigkeiten des Straßenverkehrs gewährleistet. Dies kann durch die Verengung der Fahrstreifen durch Fahrbahnteiler und die zusätzliche Trennung des Kraftverkehrs vom Rad- und Fußverkehr unterstützt werden.

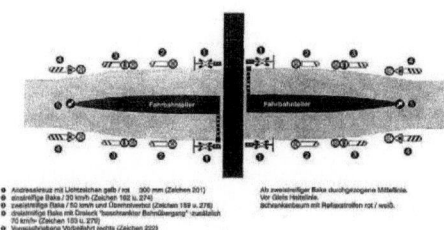

Bild 11: Schema Fahrbahnteiler an BÜ (Seehafer, 1997)

Bild 12: Fahrbahnteiler am BÜ (Griffeon)

Markierung

In Deutschland sind Geschwindigkeitshinweise auf der Fahrbahn (*Bild 13 links*) keine Besonderheit mehr. Vor allem in 30er-Zonen wird diese Maßnahme genutzt, um kostengünstig auf die neue Situation hinzuweisen.

In Österreich wird zudem noch von Quermarkierungen (*Bild 13 rechts*) Gebrauch gemacht, „[...] da diese optisch bremsen und so zur Geschwindigkeitsreduktion beitragen." (Zodtl, 2005)

Ein weiterhin bereits untersuchtes Mittel zur Aufmerksamkeitssteigerung in diesem Bereich stellt die Haifischzahnmarkierung dar. Hierbei werden 5-15 m vor der Haltelinie eines Bahnübergangs weiße, gleichschenklige Dreiecke (Höhe 3 m, Basis 0,40 m) nebeneinander auf die Fahrbahn aufgebracht, sodass ein herannahendes Fahrzeug auf die Spitzen der „Zähne" zufährt. (Hack, 2009)

Bild 13: Fahrbahnmarkierung als Geschwindigkeitsbeschränkung und Quermarkierung (Zodtl, 2005)

Schwellen / Rumble Strips

Weil Markierungen gerade für Ortsansässige, die den Bahnübergang ggf. täglich überqueren, keine wirksame Maßnahme zur Reduzierung der Annäherungsgeschwindigkeiten darstellen, können nach Zodtl (2005) nur Schwellen bzw. Mittelinseln die entsprechende Wirkung erzielen.

Eine abgemilderte und kostengünstigere bauliche Maßnahme, um eine Gefahrenstelle sowohl haptisch als auch akustisch wahrnehmbar zu gestalten, stellen „Rumble Strips" dar. „Insbesondere bei visueller Ablenkung und bei zu schnellem Fahren kann mit diesem Mittel die Sicherheit erhöht werden." (Schlag, et al., 2004)

2.4 Risikozone

Dieser Bereich sollte, nach Lerner et al. (2002), durch Schilder oder Markierungen gekennzeichnet sein, da es sich hier um den Gefahrenbereich am Bahnübergang handelt.

Andreaskreuzvariationen

In der Debatte, die Situation am Bahnübergang sicherer und sichtbarer zu gestalten, gibt es vornehmlich um das Andreaskreuz in Form, Farbe und Kombination kontroverse Diskussionen. Den größten Anstoß findet hierbei die Variante, welche die Verschmelzung der StVO-Zeichen 201 „Andreaskreuz – Dem Schienenverkehr Vorrang gewähren!" und 206 „Halt! Vorfahrt gewähren!" darstellt (*Bild 14 links*). „Die Bedeutung des Stoppschildes ist jedem Verkehrsteilnehmer bekannt, was für das Andreaskreuz leider nicht gilt." (Gero Storjohann, CDU in (Wester, 2008)) Weiterhin soll dem Verfall der Autorität des Andreaskreuzes entgegengewirkt werden, weil dieses auch an einigen stillgelegten Strecken stehen bleibt und somit zu einer negativen Konditionierung der Verkehrsteilnehmer führt (Wester, 2008).

Eine andere Variante, das Andreaskreuz auffälliger zu gestalten, ist, dieses auf eine neongelbe Kontrastfläche aufzubringen (*Bild 14 rechts*). Bei Tests in Bayern wurde diese Maßnahme von einer Mehrheit der Verkehrsteilnehmer positiv beurteilt (Wester, 2008).

Die größte Neuerung stellt ein für Deutschland völlig neues Andreaskreuz dar (*Bild 15*). Dieses soll durch seine auffälligere Farbgebung die Verkehrssicherheit erhöhen und das derzeitige StVO-Andreaskreuz, welches nicht den internationalen Übereinkommen genügt, ablösen (Menge, 2008). „Mit einem ‚Andreaskreuz', das sich mit seiner Farbgestaltung deutlich von den übrigen Verkehrszeichen unterscheidet, wird auch dem Umstand Rechnung getragen, dass die Unfallschwere an Bahnübergängen im Mittel deutlich über der Unfallschwere anderer Unfallstellen und -typen liegt." (Menge, 2008)

**Bild 14: Andreaskreuzvariationen;
Rohbilder: (Kaube, 2006)**

**Bild 15: Neues Andreaskreuz (Menge,
2008)**

„Diamond Grid"

Wie bereits unter *2.3 Verlustzone* in der Maßnahme Dialog Display (*Bild 6*) beschrieben, wurde von Barber (2010) in mehreren Lösungen zur Neugestaltung von Bahnübergängen auch das gelbe Raster, genannt „Diamond Grid", verwendet, um den gefährlichen Bereich der Kreuzungsanlage zu markieren. Das *Bild 16* zeigt einen technisch gesicherten Bahnübergang mit Beton-„Schranken" samt Abprallbecken, richtungsgetrennten Überfahrten sowie der zuvor genannten Gefahrbereichsmarkierung. Der positive Effekt ist hierbei, dass der Verkehrsteilnehmer auch im Falle des Rückstaus genau sieht, wo er unter keinen Umständen zum Stehen kommen sollte.

Bild 16: Diamond Smart (Barber, 2010)

Geschwindigkeitsüberwachung

In Belgien hat sich die Verwaltungsgesellschaft der Infrastruktur des Bahnnetzes „Infrabel" vorgenommen, bis zum Jahre 2015 die Unfälle an Bahnübergängen im Vergleich zu 2007 um 25 % zu reduzieren (Parloir, et al., 2009). Dies soll mit einer neuen BÜ-Bauart erreicht werden, in deren Zusammenhang auch Videosysteme zur ortsfesten Überwachung und Ahndung getestet wurden. Auf deutsche Verhältnisse übertragen könnte also die Ausrüstung der BÜ mit ortsfesten Geschwindigkeitsüberwachungsanlagen die gewünschte Reduzierung der Geschwindigkeiten zur Folge haben. Laut Retzko et al. (1999) wirken diese Systeme bis zu 500 m vor der Anlage, sodass bereits in der Anfahrt ein angemessenes Tempo unterstellt werden kann.

Lane Lights

In Österreich bereits an technisch gesicherten Bahnübergängen im Einsatz, sind Lane Lights (Der Standard, 2007). Hierbei handelt es sich um Bodenmarkierungsleuchten, welche zu blinken beginnen, sobald sich ein Zug nähert bzw. sich die technische Sicherung des BÜ aktiviert (*Bild 17* und *Bild 18*). „Durch das Aufleuchten wird eine optische Schranke erzeugt, die Verkehrsteilnehmer zu erhöhter Vorsicht und zum Anhalten vor neuralgischen Stellen veranlasst." (EBE Solutions, 2010)

Bild 17: BÜ mit Lane Lights (EBE Solutions, 2012)   **Bild 18: Lane Light (Der Standard, 2007)**

3 Auswahl zu prüfender Lösungen

Aus den in *Kapitel 2* gefundenen Lösungsmöglichkeiten sollen nun diejenigen ausgewählt werden, welche im Simulator testbar und aussichtsreich erschienen. Hierbei ist zu bemerken, dass sich diese Diplomarbeit mit der frühzeitigen Aufmerksamkeitserhöhung auseinander setzt und sich somit in Zone 1 der von Lerner et al. definierten Bereiche bewegt. Dieser Umstand schließt allerdings Maßnahmenvorschläge aus anderen Annäherungsbereichen für diese Untersuchung nicht kategorisch aus, sofern sie in die frühe Anfahrtszone transferiert werden können.

3.1 Frühe Anfahrtszone

Dialog Display

„Für die Förderung sicheren Verhaltens beim Passieren von Bahnübergängen ist es weiter nützlich, falsches Verhalten unmittelbar in der Situation zurückzumelden." (Schlag, et al., 2004) Genau das schafft ein Dialog Display, wie es bereits von Rösiger (2006) getestet wurde. Für eine Simulation kommt hierbei noch die Problematik der schwer realisierbaren, geschwindigkeitsabhängigen Einblendung hinzu. Außerdem liegen hierfür bereits Erkenntnisse durch Feldstudien vor, sodass eine neuerliche Betrachtung dieser Maßnahme vermutlich nicht zu noch unbekannten Ergebnissen führen würde.

Funkwarnsysteme

Innovative Lösungen bieten meist ein hohes Begeisterungspotenzial, sind jedoch nicht immer vollständig ausgereift. So ist die Entwicklung, welche Funkwarnsysteme beschreiben, weiter genau zu beobachten. Aufgrund der Tatsache, dass die meisten Privatkraftwagen nicht über CB-Funk verfügen und die Investitionskosten in Funksender bei der Bahn ausreichend hoch sein dürften, ist an einer schnellen Umsetzung dennoch stark zu zweifeln. Die Warnung müsste über Radiofrequenzen realisiert werden, um die Masse der Verkehrsteilnehmer zu erreichen, was durch die derzeitige Entwicklung aber noch nicht gegeben ist. Auch die Simulierbarkeit ist nicht in vollem Maße vorhanden. Der Fahrsimulator verfügt zwar über Lautsprecher, welche das Fahrgeräusch wiedergeben, gleichwohl ist die realistische Abgabe von Radiowarnungen zu bezweifeln.

Gelbes Blinklicht

Das rote Blinklicht darf laut EBO §11 Absatz 6 nicht mehr neu an BÜ angeordnet werden, weil ein nicht dauerhaftes Licht den Haltbegriff auch nicht ausreichend vermitteln kann. Nun soll erneut eine pulsierende Beleuchtung die Sicherheit am Bahnübergang verbessern. Der Gedanke an die einheitliche Gestaltung im gesamten Straßenraum hat auch hier Einzug gehalten. Sowohl beim Abbiegen an der Kreuzung, Nachtabschaltung von LSA als auch in und vor Baustellen wird mit gelben Blinklichtern auf eine Gefahr oder die Gefährdung anderer hingewiesen. Daher liegt die Überführung dieser Maß-nahme als Hinweis auf die Gefahrenstelle Bahnübergang nahe und sollte nicht schwie-riger realisierbar sein als an anderen Gefahrenstellen. Das Problem liegt hierbei in der Simulation, die bis auf LSA-Abläufe nur schwer zeitgesteuerte Prozesse wie pulsieren-de Lichter unterstützt. Trotzdem sollte durch die Anpassung der LSA-Modelle oder das metergesteuerte Einblenden unterschiedlich farbiger Flächen (gelb / schwarz) die Illusi-on eines Blinkens möglich sein.

Variation der Ankündigungszeichen

In Deutschland ist man schon länger gewillt, den „Schilderwald" zu lichten und die be-stehende Beschilderung zu verbessern. Deshalb ist es eher unwahrscheinlich, dass eine Maßnahme umgesetzt wird, die wiederum neue Schilder zur Folge hätte. Die Simulation dieser Variante stellt hingegen kein Problem dar, da lediglich leicht erzeugbare Textu-ren eingelesen werden müssten.

3.2 Verlustzone

Fahrbahnteiler

Auf Landstraßen wird mittels Fahrbahnteilern dem Verkehrsteilnehmer in der unterge-ordneten Zufahrt einer Kreuzung oder Einmündung bereits heute die Wartepflicht sym-bolisiert (Holschemacher, 2004). Den Gedanken verfolgend, dass BÜ ein ähnliches Er-scheinungsbild aufweisen sollten und bereits bekannte Elemente aus dem Straßenver-kehr in die BÜ-Situation zu übertragen, wäre dies eine Möglichkeit der Vereinheitli-chung von Verkehrssituationen (Seehafer, 1997). Die Investitionen, die für die flächen-deckende Umsetzung dieser Maßnahmen aufzuwenden wären sowie der Umstand, dass innerorts nicht überall der Platz hierfür gegeben ist, senken die Wahrscheinlichkeit für eine Realisierung. Die Modellierung eines Mittelstreifens ohne Bordsteine stellt kein Problem dar.

Markierung

Der Hinweis auf ein Geschwindigkeitsgebot auf der Fahrbahn ist für die vorliegende Arbeit nicht Teil der Betrachtung. Hingegen wäre das Testen von Quermarkierungen sicherlich interessant, aber ob der gesetzlichen Stellung von Markierungen in Deutsch-land wahrscheinlich schwierig in die Realität zu übertragen. Deshalb soll für diese Un-tersuchung das Aufbringen des Gefahrzeichens auf die Fahrbahn diese Maßnahme stüt-zen. Auch muss diese Gefahrzeichenmarkierung dann in die erste nach Lerner et al. (2002) definierte Zone überführt werden, denn die StVO §42 Absatz 6 Nummer 3 regelt hierzu: „Schriftzeichen und die Wiedergabe von Verkehrsschildern auf der Fahrbahn dienen dem Hinweis auf ein entsprechendes Verkehrszeichen." (StVO, 2010)

Die Modellierung eines solchen Bodenbelages ist ähnlich gut zu erstellen, wie unterschiedliche Arten von Schildern, denn lediglich die Präsentationsebene wird für den Fahrer geändert, der Befehl (Polygon) aber gleich bleibt.

Schwellen / Rumble Strips

„Eine deutliche Verringerung der Annäherungsgeschwindigkeit der Straßenverkehrsteilnehmer können allerdings nur Schwellen bzw. Mittelinseln vor der Eisenbahnkreuzung bewirken. Im normalen Straßenverkehr haben ähnliche Maßnahmen großen Einfluss auf die Verringerung der Unfallzahlen." (Zodtl, 2005)

Leider sind nicht alle Maßnahmen im Fahrsimulator der Fakultät Verkehrswissenschaften „Friedrich List" testbar, da dieser sowohl hardware- als auch softwareseitig an gewisse Grenzen stößt. Dies umfasst vor allem die Bewegungsunfähigkeit der Fahrzeugkarosserie des Simulators, was es unmöglich macht, Lösungen wie Schwellen, Aufpflasterungen bzw. Rumble Strips sinnvoll mit Daten belasten zu können. Zwar bewegt sich das Bild auf der Leinwand, jedoch fehlt das haptische Feedback, welches diese Maßnahme ausmacht. Zudem sind Schwellen u. Ä. im Hinblick auf Motorradfahrer und Lärmbelästigung als problematisch einzuordnen, was eine flächendeckende Realisierung schwierig gestaltet.

3.3 Risikozone

Grundvoraussetzung für die Betrachtung der in der Literatur gefundenen Lösungen für diese Arbeit ist die Transferierbarkeit der Maßnahmen in die nach Lerner et al. (2002) definierte „frühe Anfahrtszone". Davon ausgeschlossen sind die Variationen der Andreaskreuze, das „Diamond Grid" als Gefahrenbereichsmarkierung sowie der „Starenkasten", weil diese Maßnahmen für die Risikozone spezifisch, oder nur mit einer weiteren Vorankündigung – „Achtung Radarkontrolle!" – hinreichend frühzeitig wirken würden. Einzig „Lane Lights" könnten als adäquat zum gelben Blinklicht agieren, wenn hier Farbe und Standort verändert würden.

Andreaskreuzvariationen

Die hitzige Diskussion um die Kombination aus Andreaskreuz und Stoppschild sowie die rechtliche Situation, lässt die Schwierigkeit einer raschen Umsetzung vermuten, falls diese Maßnahme belastbare Ergebnisse zu Tage brächte. Zudem regelt bereits die StVO §19 Absatz 2 eindeutig: „Fahrzeuge haben vor dem Andreaskreuz, Fußgänger in sicherer Entfernung vor dem Bahnübergang zu warten, wenn

1. sich ein Schienenfahrzeug nähert, [...]" (StVO, 2010).

Die Variante einer Reflextafel mit implementiertem Andreaskreuz wurde hingegen bereits in Bayern getestet, „[...] jedoch konnte bislang kein messbarer Sicherheitsgewinn festgestellt werden." (Freystein, et al., 2003) Zudem „[...] wird bei vermehrter Anwendung ein Gewöhnungseffekt vermutet, der eine entsprechende Wirkung minimiert." (Freystein, et al., 2003) Auch können allein die positiven Bewertungen von Verkehrsteilnehmern nicht als Maß für die Wirkung der Maßnahme betrachtet werden. Verkehrssicherheit ist nun mal keine Frage der Demokratie, sondern eine der Wirksamkeit. Weiterhin würde durch diese Lösung die eindeutige Form des Andreaskreuzes verloren gehen. „Änderungen an einzelnen Komponenten z. B. Beschilderungsart, Neukreationen u. ä. müssen sehr kritisch hinterfragt werden. Dabei ist zu beachten, dass isolierte Aktionen im Hinblick auf die bevorstehenden Harmonisierungen im europäischen Wirtschaftsraum auch für BÜ u. U. wenig hilfreich sind." (Freystein, et al., 2003)

Lane Lights

Blinkende gelbe Lichter, welche quer über die Straße verlaufen, dürften hinreichend viel Verwirrung stiften, wenn die Einführung dieser nicht mit ausreichend hohem Aufklärungsaufwand einhergeht. Auch pulsierende rote Beleuchtung am BÜ sollte im Hinblick auf die Durchsetzung des Dauerlichts durchaus kritisch hinterfragt werden. Zudem konnten keine Aussagen über die Schneeschmelzfähigkeit oder die Beseitigung der zwangsläufigen Verdreckung gefunden werden.

3.4 Zusammenfassung

Zur Gegenüberstellung der Maßnahmen wurde eine Dreipunkteskala über die folgenden drei Kriterien verwendet:

- Transferierbarkeit: die Überführung der Maßnahme in die frühe Anfahrtszone

- Realisierbarkeit: die flächendeckende Umsetzung in Hinblick auf Kosten, Aufwand und Änderungen der Rechtsvorschriften

- Simulierbarkeit: die weitestgehend realistische Testbarkeit im Fahrsimulator

Diese wurden entsprechend positiv (+), negativ (-) oder neutral (o) bewertet und in der folgenden *Tabelle 1* aufgelistet.

Frühe Anfahrtszone	transferier-bar	realisier-bar	simulier-bar	Ergebnis
Dialog Display	+	+	-	+
Funkwarnung	+	-	o	o
gelbes Blinklicht	+	+	o	+ +
Variation der Ankündigung	+	o	+	+ +
Verlustzone				
Fahrbahnteiler	o	-	+	o
Markierung	+	+	+	+ + +
Schwellen / Rumble Strips	+	o	o	+
Risikozone				
Andreaskreuzvariationen	-	o	+	o
Diamond Grid	-	o	+	o
Geschwindigkeitsüberwachung	o	-	o	-
Lane Lights	+	o	o	+

Tabelle 1: Maßnahmenbewertung

Hieraus geht hervor, dass sowohl die Markierung als auch das gelbe Blinklicht, sowie die Variation der Ankündigungszeichen das beste Ergebnis für die Bewertung dieser Kriterien erzielen.

Für die Simulation konnten aus Gründen der möglichst realistischen und unauffälligen Gestaltung, welche *Kapitel 4.1.2* näher beleuchtet, lediglich zwei Maßnahmen getestet werden. Da die Variation der Ankündigungszeichen jedoch sowohl verschiedene Sicherungsarten (nichttechnisch, LZ, Schranke) als auch mehrere Bahnübergänge verlangt, wird diese Maßnahme nicht weiter betrachtet. Somit bleiben für die Untersuchung dieser Arbeit die Varianten Markierung und gelbes Blinklicht bestehen.

4 Methodik

Zum Test der in *Kapitel 3* gefundenen Lösungen wurden diese in den Fahrsimulator der Fakultät übertragen und ebenda durch die Heranführung von Probanden mit Daten belastet. Zur besseren Nachvollziehbarkeit soll in diesem Abschnitt der Aufbau der Datenerhebung beschrieben werden.

4.1 Versuchsanordnung

Der Aufbau des Fahrsimulators beläuft sich, wie im *Bild 19* zu sehen, auf zwei Hauptbereiche. Zum einen ist das der Simulator selbst (Bereich 1), in dem über die Fahrzeugkarosse, Leinwände und Beamer (also die eigentliche Hardware) der Realismus der Simulation erzeugt wird, in welcher sich der Proband „bewegt". Zum anderen ist das der Bereich der Rechentechnik (Bereich 2), in dem die Berechnung des virtuellen Raumes erfolgt, welcher dem Probanden auf der Leinwand dargeboten wird. Des Weiteren erfolgt hier auch die Übertragung der Aktionen im Simulator in die Simulation (bspw.: Einsinktiefe des Bremspedals als Verzögerungsvorgang im virtuellen Raum, usw.). Zudem war für die hier durchgeführte Untersuchung noch das Blickanalysesystem im Einsatz, welches über eigene Rechentechnik (Bereich 3) betrieben wird und über einen Helm mit entsprechender Sensorik die Blickbewegungen des Probanden erfasst, aufzeichnet und in einer Videodatei der Simulation anzeigt. Diese wird ebenfalls am Helm über eine Frontkamera (Szenenkamera) erfasst.

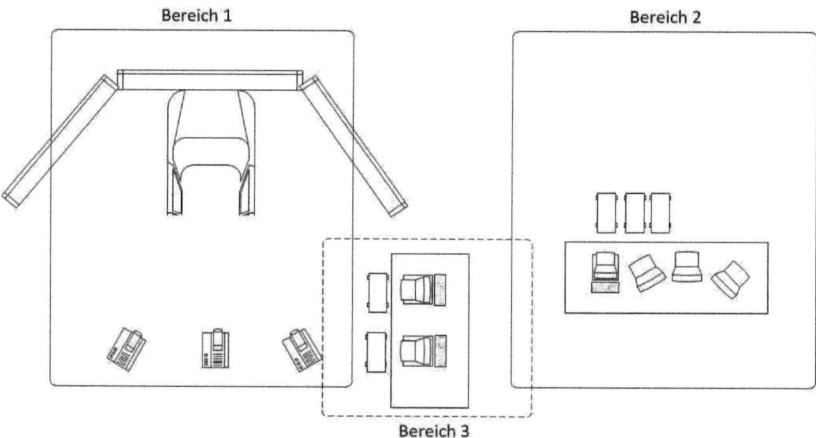

Bild 19: Aufbau des Fahrsimulatorlabors

4.1.1 Hardware

Der Simulator selbst ist ein aus Designmasse gestaltetes Eins-zu-eins-Modell einer Mercedes A-Klasse (*Bild 20*), die auf das Cockpit samt Vordertüren beschränkt und für die automatische Schaltung der Gänge ausgelegt ist. Die Karosserie steht für die Simulation unbeweglich im Labor, sodass die Übertragung von Flieh- und Beschleunigungskräften auf den Testteilnehmer nicht möglich ist. Der Fahrerraum selbst ist nicht voll funktionsfähig, was für eine erfolgreiche Simulation jedoch auch nicht notwendig ist. Zur Interaktion durch den Probanden vorgesehen sind neben dem Lenkrad und dem Blinkhebel auch die Pedale für Gas und Bremse, welche bis auf den Blinker auch mit der Rechentechnik verbunden sind. Tacho und Drehzahlmesser funktionieren und erhalten ihren Ausschlag ebenfalls durch das Simulationsprogramm. Spiegel zur Beobachtung des rückwärtigen Verkehrs sind physisch nicht vorhanden, werden aber, bis auf den Mittelspiegel, auf der Leinwand positionsgerecht dargestellt. Die Leinwände sind aus Gipskarton gefertigte weiße Projektionsflächen, welche durch die drei Deckenbeamer die virtuelle Landschaft widerspiegeln.

Bild 20: Fahrsimulator und Cockpit

4.1.2 Software

Die Programmierung der Simulation erfolgte mit dem Programm STISIM Drive® der amerikanischen Firma Systems Technology Inc. Diese Software bietet ob ihrer Einfachheit eine gute Möglichkeit auch für Laien der Programmierung testbare Szenarien zu erstellen oder zu verändern. Die nötige Rechentechnik hierfür beläuft sich auf einen Hauptrechner, welcher die Simulation berechnet und die Mittelprojektion ausgibt, sowie auf zwei weitere Nebenrechner, welche die Ausgabe jeweils einer Seitenprojektion übernehmen. Diese drei Computer sind sowohl an die Beamer (Bereich 1) als auch an die Monitore (Bereich 2) angeschlossen.

Programmierung

Das Erstellen einer Teststrecke (Event - *.evt) in STISIM Drive® ist so angelegt, dass grundsätzlich ein Texteditor zum Programmieren reicht, solange die geforderten Dateiendungen eingehalten werden. Die Programmierung erfolgt meterbasiert und in der STISIM eigenen „Scenario Definition Language" – SDL. Diese ist für den Großteil der Befehle so aufgebaut, dass der Meter angegeben wird, zu dem ein Kommando in einer Sichtentfernung unter Beachtung der folgenden Parameter ausgelöst wird (Aufbau: Startmeter, Befehl, Sichtentfernung, kommagetrennte befehlsspezifische Parameter). In dieser Form wurden zwei 28 km lange Szenarien programmiert, welche jeweils neun Bahnübergänge in unterschiedlicher Abfolge beinhalten.

Teststrecke

Aufgrund der Anzahl der zu bewältigenden Probanden wurde festgelegt, dass die simulationslänge 30 Minuten nicht wesentlich überschreiten sollte. Unterstellt man – trotz des Wechsels von Überland- und Ortsstrecken – gelegentliche Verzögerungsvorgänge und damit eine Durchschnittsgeschwindigkeit von rund 50 km/h, so sollten ca. 25 km modellierter Strecke die Grundlage dieses Testes bilden. Nach ersten Versuchen mit der Streckenlänge und dem Wechsel von Ortschaften musste die Ausdehnung auf 28 km korrigiert werden, um wenigstens acht Bahnübergänge einbinden zu können. Der Streckenverlauf wird in *Bild 21* schematisch dargestellt.

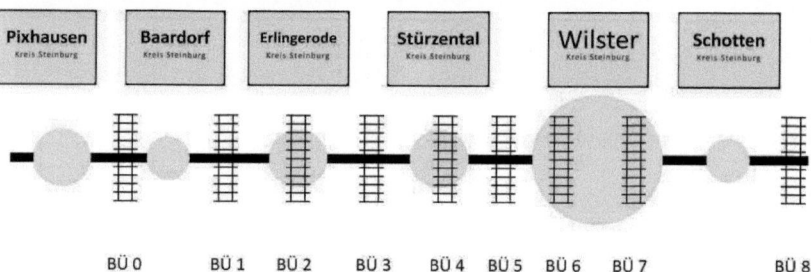

Bild 21: Schematischer Streckenverlauf

Einbinden der Maßnahmen

Aufgrund des seltenen Auftretens von Bahnübergängen im allgemeinen Straßenverkehr sowie der begrenzten Simulationslänge konnten nur acht BÜ implementiert werden. Neben den in *Kapitel 2* vorgestellten und *Kapitel 3* ausgewählten Varianten mussten – zur Verknüpfung auf reale Verhältnisse und Vergleichbarkeit – nichttechnisch gesicherte Standard-Bahnübergänge (Gefahrzeichen, ggf. Baken und Andreaskreuz) als Nullvarianten in die Simulation einfließen (*Tabelle 2*).

	BÜ rechtzeitig erkennbar		BÜ spät erkennbar (Kurve)	
	innerorts	außerorts	innerorts	außerorts
Standard	x	x	x	x
Markierung		x	x	
Blinklicht		x	x	

Tabelle 2: Simulationsmaßnahmen nach Ortslage und Erkennbarkeit

Die Variante der spät erkennbaren BÜ wurde gewählt, um die Probandenreaktion auf die Maßnahme zu konzentrieren. Dies wurde realisiert, indem an den entsprechenden Bahnübergängen Kurven angeordnet wurden, welche zuerst die Sicht auf die Maßnahme und dann auf den gesamten BÜ freigaben. Außerorts ist aufgrund der Sichtweiten eine späte Erkennbarkeit schwerlich gegeben. Da jedoch die Anzahl der Testobjekte beschränkt war, aber trotzdem der Grundlagencharakter eingehalten werden musste, wurde zumindest bei den Standardvarianten versucht, entsprechende Situationen zu erzeugen.

Die Simulation wurde so programmiert, dass die Möglichkeiten des Testens von Inner- und Außerortsvarianten gegeben sind. Die Unterscheidung in zwei Simulationsabläufe, welche bis auf die Abfolge der BÜ gleich sind, erfolgte, um einem möglichen Defizit an Aufmerksamkeit der jeweiligen Testperson zum Ende der Simulation vorzubeugen. Zudem wurde ein Bahnübergang mit unmittelbar zu sehender Zugfahrt an den Anfang des Tests gestellt, um den Versuchspersonen zu zeigen, dass auch in diesem Modell Züge verkehren können. In *Tabelle 3* sind die Maßnahmenabfolgen der beiden Simulationen gegenübergestellt. Der Umstand, dass BÜ 0, 3 und 6 immer die gleiche Position im Simulationsverlauf aufweisen, hängt damit zusammen, dass diese für die zu testende Situation an den Standort gebunden waren. Nähere Angaben zu den genauen Gegebenheiten an den Bahnübergängen finden sich in *Kapitel 6.2*.

Weiterhin wurde gegenüber den Testern das Ziel der Simulation dahingehend verschleiert, dass neben den trotz allem dicht gepackten Bahnübergängen auch ungewöhnlich viele Fußgängerüberwege auf der virtuellen Strecke auftauchten. Aber auch auf die Straße laufende Personen, Lichtsignalanlagen, Gegenverkehr, Pannenfahrzeuge sowie erzwungene Überholvorgänge wurden zur Ablenkung und Konzentrationsaufrechterhaltung eingebaut.

	Verortung	Simulation 1	Simulation 2
BÜ 0	außerorts	Mit Zugfahrt (außer Wertung)	
BÜ 1	außerorts	Standard ohne Kurve	Markierung
BÜ 2	innerorts	Blinklicht	Standard mit Kurve
BÜ 3	außerorts	Standard mit Kurve	
BÜ 4	innerorts	Markierung	Blinklicht
BÜ 5	außerorts	Blinklicht	Standard ohne Kurve
BÜ 6	innerorts	Standard ohne Kurve	
BÜ 7	innerorts	Standard mit Kurve	Markierung
BÜ 8	außerorts	Markierung	Blinklicht

Tabelle 3: Simulationsunterschiedliche BÜ-Maßnahmenabfolge

Besonderheiten

Problematisch zeigte sich an einigen Stellen der mangelnde europäische Einfluss auf die Software, sowie der instabile Zustand dieser beim Umgang mit einer hohen Anzahl an Programmzeilen. Die mangelnde Europäisierung von STISIM Drive® äußerte sich vor allem in der Art der verkehrstechnischen Einrichtungen (Verkehrsschilder, Haltelinienposition vor LSA sowie bei einigen 3D-Modellen wie Fahrzeugen, beschrifteten Häusern, Pylonen usw.). Zwar ist teilweise eine europäische Programmierung über die Anpassung der Befehlsparameter möglich (LSA-Positionen und Signalabfolge, sowie einige Verkehrsschilder), jedoch für eine möglichst realistische Darstellung unzureichend. Deshalb wurde es nötig, einige Anpassungen über den Umweg der externen Referenzierung zu implementieren. Dieses Vorgehen umfasst alle BÜ bezogenen Verkehrszeichen sowie Fahrzeuge, da STISIM Drive® trotz eines alten „Achtung Bahnübergang!"-Schildes mit Motiv Dampflok selbst keine Möglichkeit bietet, Schienenwege der -fahrzeuge einzubauen. Der hierfür verwendete Poly-Befehl ermöglicht durch seine flexible Ebenendefinition das Erstellen von Fahrbahnmarkierungen aus eigentlichen Schilddateien (*Bild 22*).

Die Frage nach der Reduzierung der zu verarbeitenden Programmzeilen wurde weitestgehend damit umgangen, dass alle Ortschaften, Bahnübergänge und sinnvoll zu verknüpfende Objekte in einzelne Unterprogramme (Previously Defined Events – PDE / *.pde) ausgelagert wurden. Hierdurch ist der stabile Ablauf der Simulation sowie die Verwendung für mögliche Folgestudien gewährleistet.

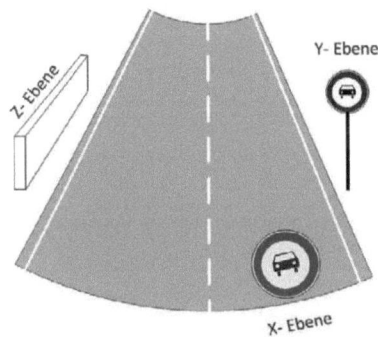 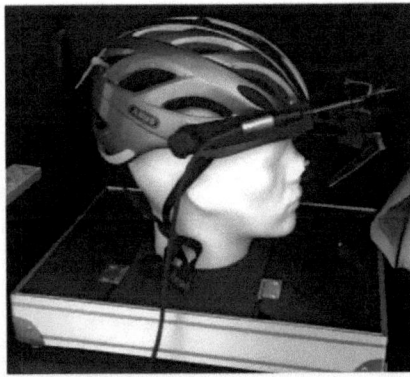

Bild 22: Ebenendefinition des Poly-Befehls in STISIM Drive®   **Bild 23: Blickerfassungshelm**

4.1.3 Blickanalyse und Fragebogen

Der dritte Bereich des Simulatorlabors ist für sich – losgelöst von den Bereichen 1 und 2 – zu betrachten, da diese keine festen Verknüpfungspunkte zueinander besitzen. Einer der beiden Rechner, die in diesem Bereich stehen, ist für die Erfassung des Blickanalysesystems iViewX™ HED der Firma SensoMotoric Instruments (*Bild 23*) zuständig und über Kabel mit der auf einem Fahrradhelm montierten Sensorik verbunden.

Der verbleibende Rechner wurde genutzt, um die Kopfbewegung der Tester während der Fahrt an den Bahnübergängen direkt zu erfassen, wobei für jeden Probanden festzuhalten ist, wie oft und in welcher Richtung nach einem Zug gesucht wurde. Am gleichen PC sollen nach dem Abschluss der Simulation die Antworten der Probanden auf den Posttest-Fragebogen direkt in elektronische Form überführt werden, sodass die Erhebung in dieser Hinsicht ressourcenschonend stattfinden kann.

4.2 Messparameter

Um die Vergleichbarkeit sowohl unter den hier betrachteten Maßnahmen als auch mit Lösungen anderer Untersuchungen zu gewährleisten, musste festgelegt werden, welche Parameter speziell während des Versuchs betrachtet werden sollten. Diese sollen in den folgenden Punkten beschrieben werden.

4.2.1 Geschwindigkeitsverhalten

Zur Betrachtung eines Geschwindigkeitsunterschiedes zwischen den getesteten Maß-nahmen wurde diese von der Simulationssoftware eigenständig für jeden Probanden erfasst und mitgeschrieben. Die Festlegung, welche fahrabhängigen Parameter in wel-chem Bereich mitgeschrieben werden, erfolgt bereits während der Programmierung der Szenarien. Der verantwortliche „Begin Block Save"-Befehl (BSAV) wurde hierbei je-weils an den Anfang der Events gestellt und am Schlussmeter mit dem „End Block Sa-ve"-Befehl (ESAV) beendet, sodass die komplette Simulationsstrecke erfasst wurde. Im BSAV-Befehl wurden die zu erfassenden Parameter so eingestellt, dass sie zeitbasiert alle 0,1 Sekunden mitgeschrieben werden. Insgesamt ergaben sich je Testperson rund 20.000 Datenzeilen, die dahingehend auszuwerten waren.

Zur Auswertung wurde das Tabellenkalkulationsprogramm Microsoft® Excel™ ge-nutzt, da der Aufbau einer Datenbank in Microsoft® Access™ fehlgeschlagen war. Als Kennwerte wurde neben der mittleren Geschwindigkeit (v_{mittel}) auch die Standardabwei-chung (σ) verwendet.

4.2.2 Sicherungsverhalten

Während der simulierten Fahrt der Probanden sollte durch den Versuchsleiter das Siche-rungsverhalten in Form von Kopfdrehungen vor den Bahnübergängen erfasst und wie in *Tabelle 4* kodiert werden. Die Niederschrift der Daten erfolgte direkt in Microsoft® Excel™.

Keine Reaktion	1. Stelle	2. Stelle	3. Stelle
0	B – Blick	L – Links	- Einmalig
	K – Kopf	R – Rechts	M - Mehrmalig
		LR – Links und Rechts	

Tabelle 4: Kodierung der Suchreaktion

Falls seitens des Testers keine Suchreaktion erfolgt, soll am entsprechenden BÜ eine Null eingetragen werden. Findet eine Reaktion statt, so setzt sich die Kodierung aus der Unterscheidung zwischen Blick- (B) oder Kopfbewegung (K), der Suchrichtung (L, R, LR) sowie der Häufigkeit (M – mehrmalig) zusammen.

4.2.3 Blickverhalten

Das Blickverhalten der Testteilnehmer sollte in dieser Arbeit miterfasst, jedoch nicht ausgewertet werden, sodass in einer gesonderten Untersuchung über bspw. die Fixati-onsdauer Rückschlüsse auf die Auffälligkeit der Maßnahmen bzw. die Aufmerksamkeit der Probanden möglich sind.

5   Versuchsablauf

Die Testreihe im Simulatorlabor startete am 16.01.2012 und endete am 03.02.2012. Die Festlegung des Zeitraumes noch vor der Prüfungszeit der TU Dresden ermöglichte eine rege Teilnahme von Studenten am Versuch. Zudem konnte die erwünschte Marke von 50 Probanden bereits vor Ende des gesteckten Zeitrahmens erreicht werden. Der Ablauf eines jeden Versuches soll im Folgenden beschrieben werden.

Bevor der eigentliche Versuch beginnen konnte, wurde den Probanden eine kurze Einführung zum Fahrsimulator und die Möglichkeit gegeben, sich eine angenehme Sitzposition zu suchen. Wenn noch genügend Platz zwischen Proband und Fahrzeughimmel verfügbar war, wurde diesem noch der Helm mit den Blicksensoren zum Aufsetzen und Festschnallen gereicht. Über die Einrichtung des zugehörigen Programms wurde zunächst der Bereich des Auges (Area of Interest) festgelegt und der Kontrast so eingestellt, dass die Software selbstständig die Pupille und den Reflexpunkt auf dem Auge erkennt. Im Anschluss erfolgte die Kalibrierung der Sensoren auf jeden Probanden.

Problematisch bis zu diesem Punkt war zum einen, dass in 11 Fällen die Blickanalyse aufgrund des mangelnden Platzangebotes entfallen musste. In weiteren fünf Fällen konnte keine sinnvolle Kalibrierung des Systems vorgenommen werden, sodass insgesamt 16 Probanden den Versuch ohne Helm durchführen mussten.

Im nächsten Schritt wurde den Versuchspersonen die Möglichkeit eingeräumt, sich auf einer drei Kilometer langen Pretest-Strecke an das simulationsbedingte Fahrverhalten des virtuell hinterlegten Fahrzeugs sowie die fehlenden Körpereinflüsse (Beschleunigungs- und Fliehkräfte) zu gewöhnen. Währenddessen beobachtete der Versuchsleiter die Blickanalysesoftware, um, wenn nötig, eine erneute Kalibrierung nach Ablauf der Eingewöhnungsstrecke vorzunehmen.

Nach der in allen 50 Fällen positiv beantworteten Frage nach der physischen Verfassung der Probanden wurde die eigentliche Simulation sowie die Aufzeichnung der Blickanalyse gestartet. Hierbei ist nach jeder Versuchsperson auch die Simulationsvariante geändert worden. Die Erfassung der Suchreaktion erfolgte im Laufe der Fahrt durch den Versuchsleiter. Während der Simulation gab es für die Tester keine Probleme. Lediglich zwei männliche Probanden mussten den Versuch aufgrund von Übelkeit abbrechen. Von den Teilnehmern unbemerkt blieb die manchmal unrealistische Positionierung einiger Bäume (in ca. 10 m Höhe bzw. in Häusern) sowie das seltene Stoppen der rechten Projektion, was eine leicht zeitverzögerte Übergabe der virtuellen Objekte von der mittleren zur rechten Leinwand zur Folge hatte. In zwei Fällen musste festgestellt werden, dass die Nullung des Tachos fehlgeschlagen ist und die Versuchspersonen hierdurch einmal 10 km/h und einmal 20 km/h zu langsam unterwegs waren.

Mit Abschluss der knapp halbstündigen Fahrt wurden die Probanden noch über die getesteten Maßnahmen befragt. Hierbei wurde mit der Frage begonnen, welchen Versuchsgegenstand die Teilnehmer der Simulation unterstellen. Fortgefahren wurde zunächst mit allgemeinen Fragen zur Person, wie:

- Geschlecht,

- Geburtsjahr,

- dem höchsten erworbenen Abschluss,

- dem Jahr des Führerscheinerwerbs,

- den erworbenen Führerscheinklassen sowie

- der monatlichen Fahrleistung.

Der weitere Fragebogen beschäftigte sich mit den acht getesteten BÜ-Maßnahmen. Es gab drei Fragen je Maßnahmenvariante, wobei die letzte, angelehnt an die theoretische Führerscheinprüfung, 3 Antwortmöglichkeiten vorgab. Folgende Fragen wurden unter Zuhilfenahme eines Bildes jeder Variante gestellt:

- Wie häufig befahren Sie solche Bahnübergänge? (Kategorien: täglich, wöchentlich, monatlich, selten, nie wurden vorgegeben)

- Hat Sie an der Maßnahme etwas irritiert?

- Welches Verhalten ist richtig?

  o Anhalten und aktiv nach Zügen Ausschau halten!

  o Mit mäßiger Geschwindigkeit an den Bahnübergang heranfahren - Bahnstrecke beobachten!

Die dritte Antwortmöglichkeit wurde variantenabhängig unterschieden in:

  o Wenn ein Zug kommt, am Andreaskreuz warten! (Standard, ohne Maßnahme)

  o Am Gefahrzeichen warten, bis der Zug gequert hat! (Markierung)

  o Vor dem Gefahrzeichen warten, bis das Blinklicht erlischt! (Blinklicht)

Mit Abschluss des Fragebogens war auch die Testsituation beendet, welche je Versuchsperson zirka eine Stunde in Anspruch nahm.

6 Versuchsauswertung

6.1 Stichprobenbeschreibung

Zur Belastung des Versuchs mit Daten wurde angestrebt, 50 Probanden zu akquirieren, was auch gelang. Jedoch mussten 2 Personen den Versuch abbrechen (Simulator Sickness Rate: 4 %). Da die Werte dieser Testteilnehmer nicht verwertbar sind, wurden sie auch nicht zur Auswertung herangezogen, sodass der Stichprobenumfang auf 48 Probanden sinkt. Alle Teilnehmer waren mindestens in Besitz des Führerscheins Klasse B (PKW bis 3,5 t), was auch Voraussetzung war.

Ein Drittel der Teilnehmer des Versuches waren Frauen (16 Personen). Der Altersschnitt lag bei 25 Jahren, weil vor allem Studierende (83 %) an der Studie teilnahmen. Die monatliche Fahrleistung der Tester variierte stark zwischen 0 und 3500 km und betrug im Mittel 527 km p. M.

Lediglich 11 der 48 verbliebenen Tester (22,92 %) erkannten ob der Häufigkeit der Bahnübergänge den tatsächlichen Bezug der Simulation. Demnach war in 77,08 % der Fälle die Verschleierung durch verschiedene Verkehrssituationen erfolgreich.

6.2 Ergebnisdarstellung

Dieses Kapitel stellt die aus den Rohdaten gefilterten Ergebnisse dar, welche im Folgenden unter *Kapitel 6.3* diskutiert werden. Um die Vergleichbarkeit zu gewährleisten, werden die Ergebnisse in Außerorts- und Innerortssituationen getrennt.

Bevor die Bahnübergangsmaßnahmen in einzelner Auflistung näher beleuchtet werden, sollen diese in Abhängigkeit der Geschwindigkeit nochmals im Streckenverlauf dargestellt werden (*Diagramm 1*). Hierbei wird ersichtlich, dass vor nahezu allen Bahnübergängen ein Geschwindigkeitseinbruch zu bemerken ist. Die hellblaue Linie kennzeichnet die Durchschnittsgeschwindigkeit über die Simulation mit 62 km/h. Da die Simulation abrupt endet und das Fahrzeug nicht sicher am Straßenrand abgestellt werden muss, erklärt, warum zum Ende der Simulation keine Verzögerung bis zum Stillstand erfolgt.

Die Betrachtung der Kopfbewegungen über die Bahnübergänge des Simulationsablaufs (*Diagramm 2*) zeichnet ein unstetes Bild, welches keinen Trend erkennen lässt. Auch kann eine Verringerung der Aufmerksamkeit in Form von ausbleibendem Sicherungsverhalten nicht bestätigt werden, denn sogar die letzten beiden BÜ zeigen den größten Anteil an beidseitiger Absicherung.

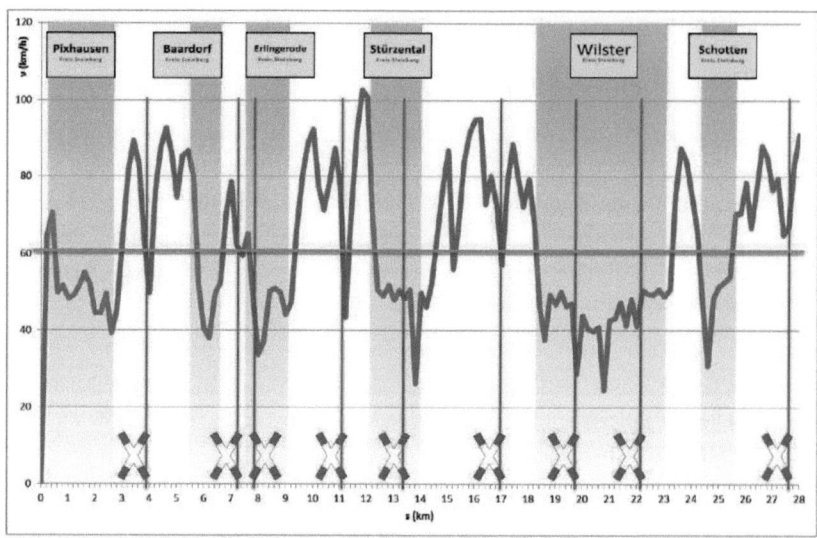

Diagramm 1: Geschwindigkeitsprofil über die Simulationsstrecke

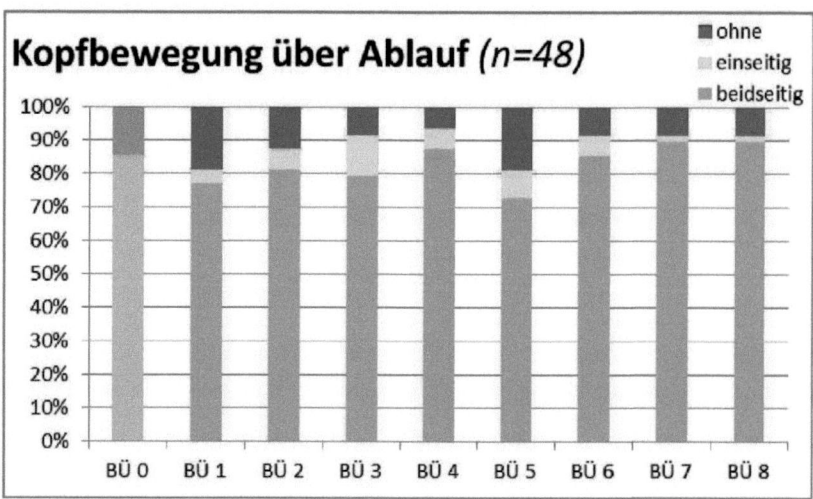

Diagramm 2: Kopfbewegungsanteile über die Simulationsstrecke

6.2.1 Außerorts

Auf den Überlandstrecken der Simulation wurde im Mittel eine Geschwindigkeit von 73,43 km/h gefahren. Geschlechtergetrennt betrachtet fuhren Frauen mit 71,7 km/h etwas langsamer als Männer mit 74,3 km/h. Der außerörtliche Streckenanteil betrug mit 14,7 Kilometern 52,5 %. Alle in diesem Bereich simulierten Bahnübergänge sind – entsprechend der StVO – immer mit Baken (80 / 160 / 240 m), Gefahrzeichen und Andreaskreuzen auf beiden Seiten der Fahrbahn ausgestattet gewesen. Zwischen den Gefahrzeichen für Hin- und Rückrichtung wurde die Leitlinie als Sperrlinie dargestellt.

Standard ohne Kurve (o. K.)

Bild 24 zeigt die Situation als Standard-BÜ-Ankündigung aus Fahrersicht ohne Besonderheiten. Aus der Geschwindigkeitsgrafik *Diagramm 3* geht hervor, dass die Probanden ca. 20 m vor dem Gefahrzeichen mit der Verzögerung beginnen und bis ca. 40 m vor das Andreaskreuz fortführen. Die Geschwindigkeitsverringerung beträgt im Mittel 28 km/h (von 80 auf 52 km/h). In der Anfahrt an den Bahnübergang sichern sich 71 % der Teilnehmer in beide Richtungen ab. 8 % der Tester sichern nur in eine Richtung und 21 % zeigen keine Kopfbewegung. Die Auswertung des Fragebogens ergab, dass 41,67 % der Probanden diese Bahnübergangsvariante selten und 39,58 % mindestens monatlich befahren. Niemand fühlte sich durch diese Maßnahme irritiert. Jedoch hätten 4 Personen den Theoriefragenteil nicht bestanden.

Bild 24: Maßnahme außerorts Standard ohne Kurve

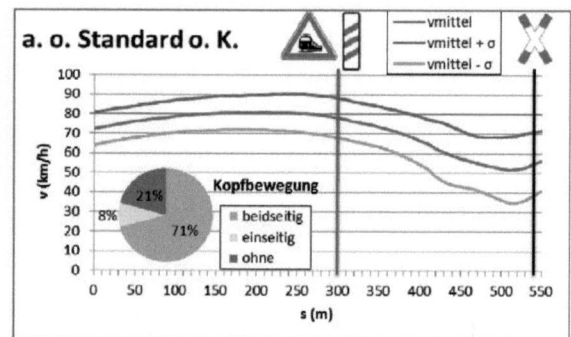

Diagramm 3: Geschwindigkeits- und Sicherungsverhalten am außerörtlichen BÜ Standard ohne Kurve

Bild 25: Bahnübergangssituation der Maßnahme außerorts Standard ohne Kurve

Standard mit Kurve (m. K.)

Bild 26 zeigt die Situation als Standard-BÜ-Ankündigung aus Fahrersicht mit der Einfahrt in die Kurve. Aus der Geschwindigkeitsgrafik *Diagramm 4* geht hervor, dass die Probanden bereits in der frühen Anfahrt auf den BÜ, sprich 140 m vor dem Gefahrzeichen mit der Verzögerung beginnen und bis ca. 20 m vor das Andreaskreuz fortführen. Die Verringerung der Geschwindigkeit beträgt im Mittel 47 km/h (von 87 auf 40 km/h). In der Anfahrt an den Bahnübergang sichern sich 79 % der Teilnehmer in beide Richtungen ab. 13 % der Tester sichern nur in eine Richtung und 8 % zeigen keine Kopfbewegung. Die Auswertung des Fragebogens ergab, dass 41,67 % der Probanden diese Bahnübergangsvariante selten und 39,58 % mindestens monatlich befahren. Niemand fühlte sich durch diese Maßnahme irritiert. Dennoch hätten 4 Personen den an die theoretische Fahrprüfung angelehnten Teil nicht bestanden.

**Bild 26: Maßnahme
außerorts Standard
mit Kurve**

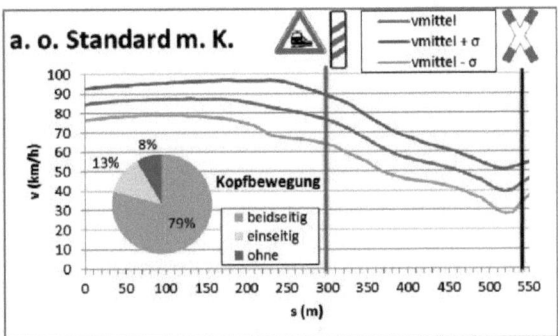

**Diagramm 4: Geschwindigkeits- und Sicherungsverhalten am
außerörtlichen BÜ Standard mit Kurve**

Bild 27: Bahnübergangssituation der Maßnahme außerorts Standard mit Kurve

Markierung (ohne Kurve)

Bild 28 zeigt die Situation als Standard-BÜ-Ankündigung aus Fahrersicht mit dem auf die Fahrbahn aufgebrachten Gefahrzeichen StVO Zeichen 151. Aus der Geschwindigkeitsgrafik *Diagramm 5* geht hervor, dass die Probanden ca. 140 m vor dem Gefahrzeichen mit der Verzögerung beginnen und bis ca. 60 m vor das Andreaskreuz fortführen. Die Geschwindigkeitsverringerung beträgt im Mittel 30 km/h (von 80 auf 50 km/h). In der Anfahrt an den Bahnübergang sichern sich 81 % der Teilnehmer in beide Richtungen ab. 2 % der Tester sichern nur in eine Richtung und 17 % zeigen keine Kopfbewegung. Die Auswertung des Fragebogens ergab, dass 81,25 % der Probanden diese Bahnübergangsvariante nie und 18,75 % selten befahren. Eine Person fühlte sich durch diese Maßnahme irritiert, da sie einen gefährlichen Bahnübergang erwartet hätte. Insgesamt wären 3 der Probanden bei der Beantwortung der spezifischen Fragen durchgefallen.

**Bild 28: Maßnahme
außerorts Markierung
ohne Kurve**

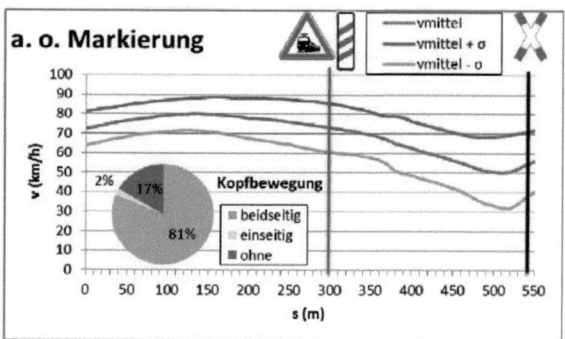

**Diagramm 5: Geschwindigkeits- und Sicherungsverhalten am
außerörtlichen BÜ mit Markierung ohne Kurve**

Bild 29: Bahnübergangssituation der Maßnahme außerorts Markierung ohne Kurve

Blinklicht (ohne Kurve)

Bild 30 zeigt die Situation als Standard-BÜ-Ankündigung aus Fahrersicht mit abwechselnd auf beiden Straßenseiten blinkenden Lichtern. Aus der Geschwindigkeitsgrafik *Diagramm 6* geht hervor, dass die Probanden ca. 150 m vor dem Gefahrzeichen mit der Verzögerung beginnen und bis ca. 60 m vor das Andreaskreuz fortführen. Die Verringerung der Geschwindigkeit beträgt im Mittel 27 km/h (von 80 auf 53 km/h). In der Anfahrt an den Bahnübergang sichern sich 88 % der Teilnehmer in beide Richtungen ab. 4 % der Tester sichern nur in eine Richtung und 8 % zeigen keine Kopfbewegung. Die Auswertung des Fragebogens ergab, dass 64,58 % der Probanden diese Bahnübergangsvariante nie und 27,08 % selten befahren. Über die Hälfte der Tester (54,17 %) fühlte sich durch die Maßnahme irritiert. Hierbei gaben 22 Personen an, einen Zug und 3 einen technisch gesicherten Bahnübergang erwartet zu haben. 6 Teilnehmer hätten den Theoriefragenteil nicht bestanden.

**Bild 30: Maßnahme
außerorts Blinklicht
ohne Kurve**

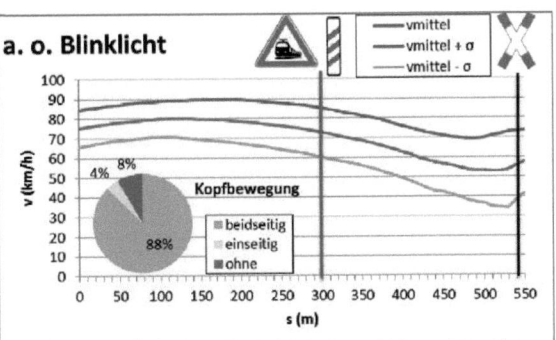

**Diagramm 6: Geschwindigkeits- und Sicherungsverhalten am
außerörtlichen BÜ mit Blinklicht ohne Kurve**

Bild 31: Bahnübergangssituation der Maßnahme außerorts Blinklicht ohne Kurve

6.2.2 Innerorts

Auf den Ortsstrecken der Simulation wurde im Mittel eine Geschwindigkeit von 43,19 km/h gefahren. Geschlechtergetrennt betrachtet fuhren Frauen mit 43,35 km/h etwa genauso schnell wie Männer mit 43,11 km/h. Der innerörtliche Streckenanteil betrug mit 13,3 Kilometern 47,5 %.

Alle in diesem Bereich simulierten Bahnübergänge sind immer mit Gefahrzeichen und Andreaskreuzen ausgestattet gewesen. Die Andreaskreuze wurden immer auf beiden Fahrbahnseiten aufgestellt. Die BÜ-Ankündigung erfolgte 75 m vor den Andreaskreuzen, da 50 m in der Simulation optisch zu gering wirkten.

Standard ohne Kurve (o. K.)

Bild 32 zeigt die Situation als Standard-BÜ-Ankündigung aus Fahrersicht mit schlechten Sichtverhältnissen am Bahnübergang (*Bild 33*). Aus der Geschwindigkeitsgrafik *Diagramm 7* geht hervor, dass die Probanden ca. 40 m vor dem Gefahrzeichen mit der Verzögerung beginnen und bis ca. 5 m vor das Andreaskreuz fortführen. Die Geschwindigkeitsverringerung beträgt im Mittel 34 km/h (von 49 auf 15 km/h). In der Anfahrt an den Bahnübergang sichern sich 85 % der Teilnehmer in beide Richtungen ab. 6 % der Tester sichern nur in eine Richtung und 8 % zeigen keine Kopfbewegung. Die Auswertung des Fragebogens ergab, dass ein Drittel der Probanden diese Bahnübergangsvariante selten und 31,25 % mindestens monatlich befahren. 2 Personen fühlten sich bei dieser Maßnahme unsicher. Gleichwohl hätten 7 Personen den Theoriefragenteil nicht bestanden.

Bild 32: Maßnahme innerorts Standard ohne Kurve

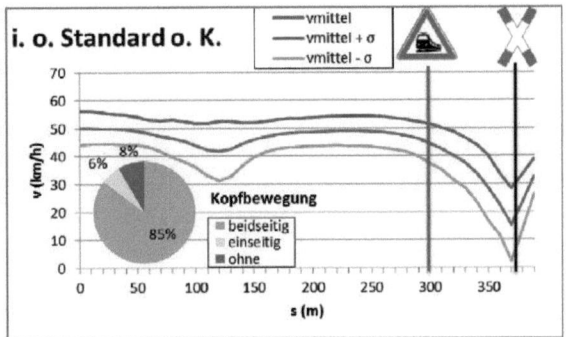

Diagramm 7: Geschwindigkeits- und Sicherungsverhalten am innerörtlichen BÜ Standard ohne Kurve

Bild 33: Bahnübergangssituation der Maßnahme innerorts Standard ohne Kurve

Standard mit Kurve (m. K.)

Bild 34 zeigt die Situation als Standard-BÜ-Ankündigung aus Fahrersicht in einer Kurve. Aus der Geschwindigkeitsgrafik *Diagramm 8* geht hervor, dass die Probanden ca. 40 m vor dem Gefahrzeichen mit der Verzögerung beginnen und bis ca. 25 m vor das Andreaskreuz fortführen. Die Verringerung der Geschwindigkeit beträgt im Mittel 13 km/h (von 45 auf 32 km/h). In der Anfahrt an den Bahnübergang sichern sich 83 % der Teilnehmer in beide Richtungen ab. 4 % der Tester sichern nur in eine Richtung und 13 % zeigen keine Kopfbewegung. Die Auswertung des Fragebogens ergab, dass 54,17 % der Probanden diese Bahnübergangsvariante selten und 18,75 % mindestens monatlich befahren. Ein Teilnehmer fühlte sich bei dieser Maßnahme unsicher. Jedoch hätten 5 Personen den an die theoretische Fahrprüfung angelehnten Teil nicht bestanden.

Bild 34: Maßnahme innerorts Standard mit Kurve

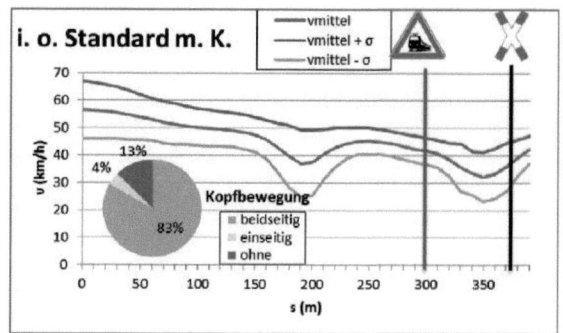

Diagramm 8: Geschwindigkeits- und Sicherungsverhalten am innerörtlichen BÜ Standard mit Kurve

Bild 35: Bahnübergangssituation der Maßnahme innerorts Standard mit Kurve

Markierung (mit Kurve)

Bild 36 zeigt die Situation als Standard-BÜ-Ankündigung aus Fahrersicht mit dem auf die Fahrbahn aufgebrachten Gefahrzeichen StVO-Zeichen 151. Aus der Geschwindigkeitsgrafik *Diagramm 9* geht hervor, dass die Probanden ca. 60 m vor dem Gefahrzeichen mit der Verzögerung beginnen und bis ca. 35 m vor das Andreaskreuz fortführen. Die Geschwindigkeitsverringerung beträgt im Mittel 13 km/h (von 47 auf 34 km/h). In der Anfahrt an den Bahnübergang sichern sich 85 % der Teilnehmer in beide Richtungen ab. 6 % der Tester sichern nur in eine Richtung und 8 % zeigen keine Kopfbewegung. Die Auswertung des Fragebogens ergab, dass 72,92 % der Probanden diese Bahnübergangsvariante nie und 20,83 % selten befahren. Eine Person fühlte sich durch diese Maßnahme irritiert, da sie einen gefährlichen Bahnübergang erwartet hätte. Insgesamt wären 5 der Probanden bei der Beantwortung der spezifischen Fragen durchgefallen.

Bild 36: Maßnahme innerorts Markierung mit Kurve

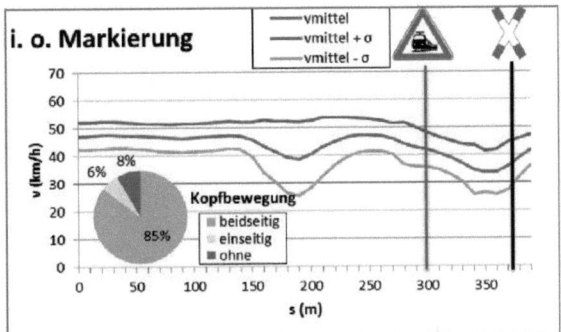

Diagramm 9: Geschwindigkeits- und Sicherungsverhalten am innerörtlichen BÜ mit Markierung und Kurve

Bild 37: Bahnübergangssituation der Maßnahme innerorts Markierung mit Kurve

Blinklicht (mit Kurve)

Bild 38 zeigt die Situation als Standard-BÜ-Ankündigung beidseitig mit abwechselnd auf beiden Straßenseiten blinkenden Lichtern. Aus der Geschwindigkeitsgrafik *Diagramm 10* geht hervor, dass die Probanden ca. 80 m vor dem Gefahrzeichen mit der Verzögerung beginnen und bis ca. 50 m vor das Andreaskreuz fortführen. Die Verringerung der Geschwindigkeit beträgt im Mittel 21 km/h (von 49 auf 28 km/h). In der Anfahrt an den Bahnübergang sichern sich 90 % der Teilnehmer in beide Richtungen ab. 4 % der Tester sichern nur in eine Richtung und 6 % zeigen keine Kopfbewegung. Die Auswertung des Fragebogens ergab, dass 52,08 % der Probanden diese Bahnübergangsvariante nie und 35,42 % selten befahren. Über die Hälfte der Tester (56,25 %) fühlte sich durch die Maßnahme irritiert. Hierbei gaben 24 Personen an, einen Zug und 3 einen technisch gesicherten Bahnübergang erwartet zu haben. 6 Teilnehmer hätten den Theoriefragenteil nicht bestanden.

Bild 38: Maßnahme innerorts Blinklicht mit Kurve

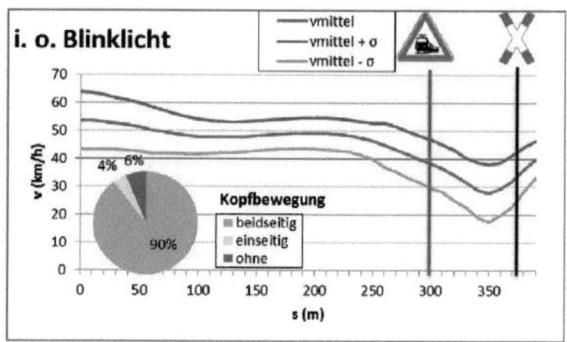

Diagramm 10: Geschwindigkeits- und Sicherungsverhalten am innerörtlichen BÜ mit Blinklicht und Kurve

Bild 39: Bahnübergangssituation der Maßnahme innerorts Markierung mit Kurve

6.3 Ergebnisdiskussion

Im vorangegangenen *Kapitel 6.2* wurden die erhobenen Daten dargestellt. Nun sollen sie getrennt nach ihrem Ort und Messwert noch miteinander verglichen werden, um Erkenntnisse zur Wirksamkeit der Maßnahmen zu generieren.

6.3.1 Außerorts

Geschwindigkeiten

Das *Diagramm 11* zeigt die überlagerten Geschwindigkeitsprofile der einzelnen Maßnahmen. Hierbei wird ersichtlich, dass die Verläufe sich sehr ähnlich sind, diejenigen der Maßnahmen Markierung und Blinklicht sich sogar nahezu überdecken. Die Ausnahme bildet hierbei der Bahnübergang in Standardausführung mit Kurve, der eben durch die Krümmung und der resultierenden einseitig schlechten Sicht einen stärkeren Geschwindigkeitsabfall als die anderen Maßnahmen ohne Kurve verzeichnet. Während hier bis auf 40 km/h verzögert wird, bremsen die Probanden in den anderen drei Varianten nur auf 50 - 53 km/h ab.

Hierdurch kann außerorts kein Einfluss der Maßnahmen ohne bauliche und sichttechnische Behinderung (Kurve) auf die Geschwindigkeit attestiert werden. Die Fahrer scheint nur der Wechsel der Situation, nicht aber der Wechsel der Ankündigung – bei ansonsten gleicher Situation – im Geschwindigkeitsverhalten zu beeinflussen.

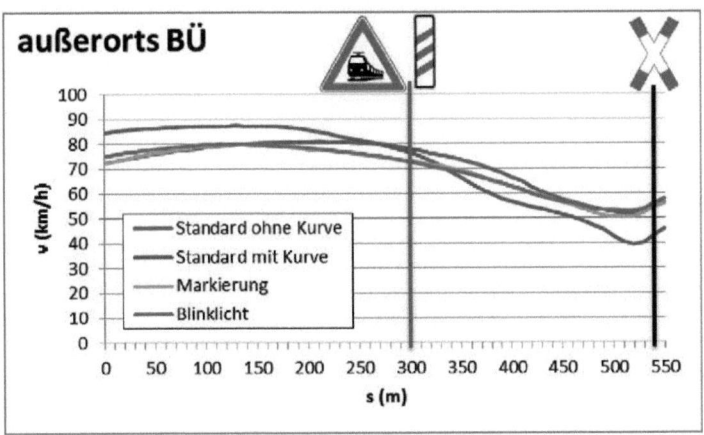

Diagramm 11: Vergleich der Geschwindigkeiten außerorts

Auch aus der Betrachtung der minimalen Geschwindigkeiten (v_{min}) geht hervor, dass Sichtbehinderungen (Standard m. K.) einen größeren Einfluss auf die Reduktion haben als die nahezu gleichauf liegenden Maßnahmen ähnlicher Situation. Zieht man die Abhängigkeit des Abstandes zum Andreaskreuz (s_0) zur v_{min} hinzu, spiegelt dieser im Endeffekt den Punkt wieder, an dem der Fahrer sich entscheidet den BÜ zu queren, da in der Folge wieder beschleunigt wird. Dieser ist bei der Maßnahme Standard mit Kurve aufgrund der einseitig schlechten Sicht mit ca. 30 m vergleichsweise dicht am BÜ. Auffällig ist, dass bei der Maßnahme Blinklicht trotz der höchsten minimalen Geschwindigkeit länger gezögert wird als bei den anderen Varianten gleicher Situation.

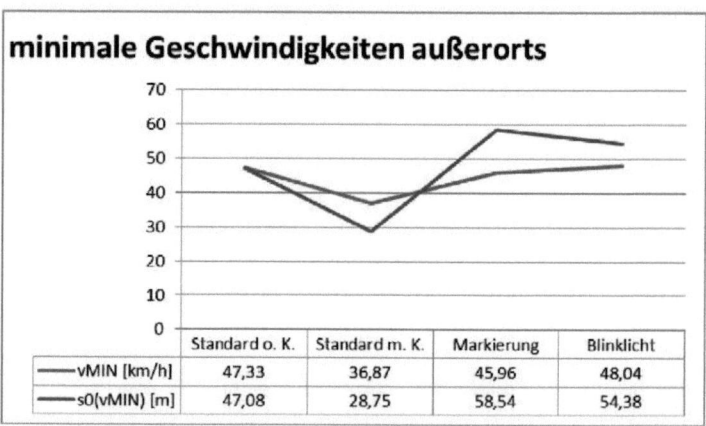

Diagramm 12: Minimale Geschwindigkeiten und Abstand zum BÜ außerorts

Betrachtet man hierzu noch die einzelnen Standorte der Maßnahmen (*Diagramm 13, Diagramm 14, Diagramm 15*), die je Simulationsvariante unterschiedlich waren – ausgenommen Standard mit Kurve – ist festzustellen, dass sich auch hier die Geschwindigkeitsbänder aller Maßnahmen überlagern. Die Ausnahme bildet der Standort BÜ 5 zwischen Stürzental und Wilster an dem das Geschwindigkeitsprofil der Maßnahme Blinklicht ca. 5 km/h unter dem der Maßnahme Standard o. K. liegt. Da alle Standorte die gleiche Straßenführung aufweisen – was auch an den Profilen der Geschwindigkeitsverläufe gut erkennbar ist – muss ein versionsbedingter Unterschied für dieses Ergebnis verantwortlich sein. In beiden Varianten kannten die Tester bereits das innerörtliche Blinklicht bevor sie gleiches außerorts erfuhren. Betrachtet man nun die Antworten der Probanden auf den Fragebogen zu dieser Maßnahme und unterscheidet diese nach Simulationslauf fällt auf, dass sich in Variante 1 (62,50 %) fast 20 % mehr Leute irritiert fühlen, als in Variante 2 (45,83 %). Dies und der Umstand, dass die Maßnahme Blinklicht im zweiten Lauf als letzter BÜ gesetzt war und somit schon eine gewisse Gleichgültigkeit nach 8 befahrenen BÜ auftreten kann, können Gründe für das versionsbedingt unterschiedliche Abschneiden sein. Eine neuerliche Untersuchung mit gleicher Streckenführung aber weiterer Rotation der Maßnahmen im Ablauf könnte Aufschluss über die versionsbedingten Unterschiede geben und ein breiteres Fundament für künftige Untersuchungen bieten.

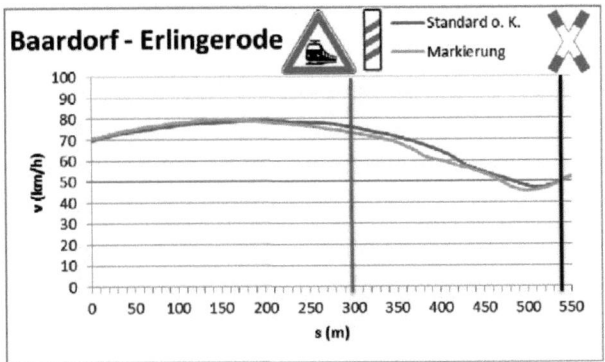

Diagramm 13: BÜ 1 - Standortgeschwindigkeiten

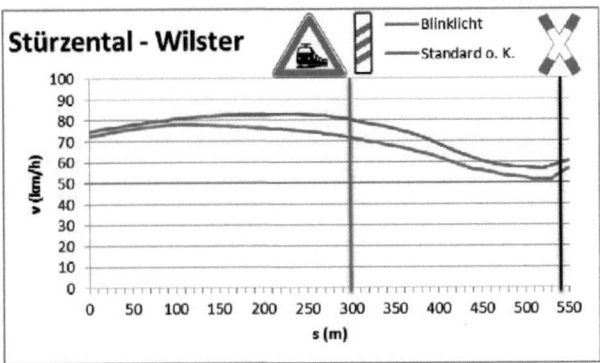

Diagramm 14: BÜ 5 - Standortgeschwindigkeiten

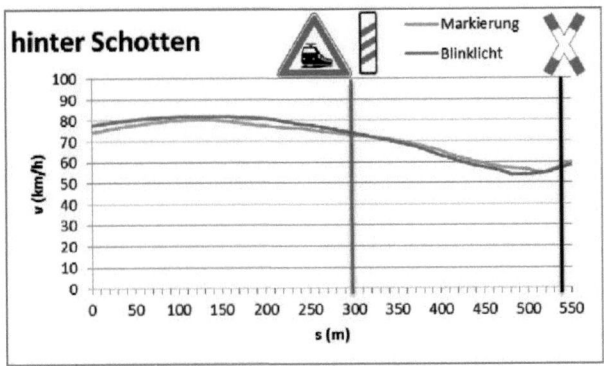

Diagramm 15: BÜ 8 - Standortgeschwindigkeiten

Kopfbewegungen

Im *Diagramm 16* ist das Sicherungsverhalten an den Außerortsbahnübergängen gegenübergestellt. Zwar wird schnell klar, dass mit 87,50 % der Wille zur beidseitigen Absicherung an der Maßnahme Blinklicht am höchsten und an der Standardsituation ohne Kurve mit 70,83 % am niedrigsten war, jedoch liegen nur 8 Probanden zwischen diesen Werten. Da aber die Hälfte der Probanden angab, einen Zug zu erwarten, erklärt das den höheren Anteil der sich in beide Richtungen sichernden Fahrer.

Der hohe Anteil an Testern (12,5 %), welche im Standardfall mit Kurve nur eine einseitige Kopfdrehung zeigten, resultiert aus den örtlichen Gegebenheiten. Die BÜ-Form befand sich in beiden Simulationsvarianten an der gleichen Position und ermöglichte durch die Kurvenlage nur eine einseitig gute Sicht auf die Bahnstrecke, sodass nur in die uneinsehbare Richtung der Kopf gedreht werden musste.

Dass 16,67 % und sogar 20,83 % der Teilnehmer ohne Kopfbewegung bei den Maßnahmen Markierung und Standard ohne Kurve registriert wurden, kann auf die bereits frühe Einsehbarkeit beider Streckenrichtungen der Bahn zurückgeführt werden. Hierzu muss bemerkt werden, dass während des Tests dieser vier Bahnübergänge niemand ohne Sicherungsreaktion beobachtet wurde. Es wurde mindestens klar in eine Richtung geblickt. Weil allerdings das Sicherungsverhalten in bisherigen Untersuchungen über Kopfdrehungen erfasst wurde, und nicht für jeden Probanden eindeutige Blickaussagen möglich sind, wird diese Kategorie hier zu „ohne Kopfdrehung" gezählt. Die Blickdaten werden in einer gesonderten Arbeit ausgewertet.

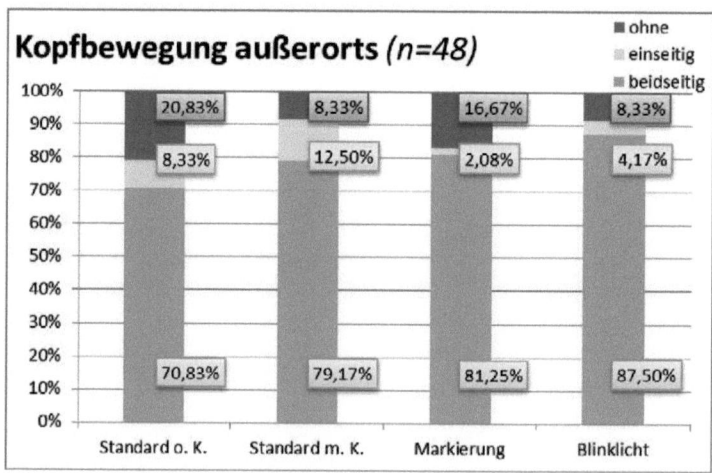

Diagramm 16: Vergleich der Kopfbewegungen außerorts

Insgesamt ist das Sicherungsverhalten zwar einmalig durch die Maßnahme Blinklicht verbessert worden, jedoch ist der Einfluss der Örtlichkeit in Form von frühzeitiger oder einseitig guter Sicht auf die Bahnstrecke eher relevant. Es ist anzunehmen, dass durch eine größere und durchsetztere Stichprobe die Ergebnisse schärfer voneinander abgegrenzt werden können. Der Gewöhnungseffekt konnte im Rahmen dieser Arbeit aufgrund des Untersuchungsdesigns nicht nachgeprüft werden.

6.3.2 Innerorts

Geschwindigkeit

Das *Diagramm 17* zeigt die überlagerten Geschwindigkeitsprofile der einzelnen Maßnahmen. Hierbei wird ersichtlich, dass die Verläufe sich sehr ähnlich sind. Die Ausnahme bildet hierbei der Bahnübergang in Standardausführung ohne Kurve, der durch die Mauern im Nahbereich der Eisenbahnkreuzung und der daraus resultierenden schlechten Sicht einen stärkeren und weiterführenderen Geschwindigkeitsabfall als die anderen Maßnahmen mit Kurve verzeichnet. Während hier bis auf 16 km/h verzögert wird, bremsen die Probanden in den anderen drei Varianten nur auf 28 - 34 km/h ab. Die Maßnahme mit Blinklicht weist hierbei eine betragsmäßig höhere Geschwindigkeitsreduzierung (5 km/h) auf, als die beiden anderen Maßnahmen, welche sich im Nahbereich geradezu überlagern.

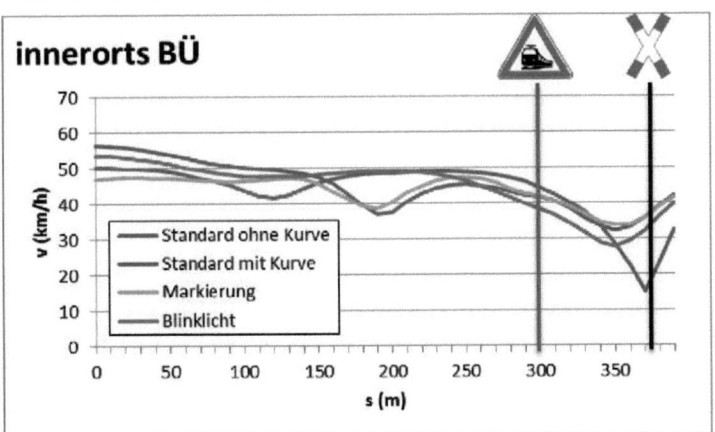

Diagramm 17: Vergleich der Geschwindigkeiten innerorts

Betrachtet man hierzu noch die Geschwindigkeitsänderung ab 50 m vor der Ankündigung des BÜ (*Diagramm 18*), wird noch ersichtlicher, dass sich die Maßnahmen Markierung und Standard mit Kurve gleichen. Hingegen wird beim Blinklicht die Geschwindigkeit um 5 km/h stärker reduziert, als bei den vorgenannten. Die Variante mit starker Sichteinschränkung zeigt auch hier den mit -33 km/h stärksten Einbruch.

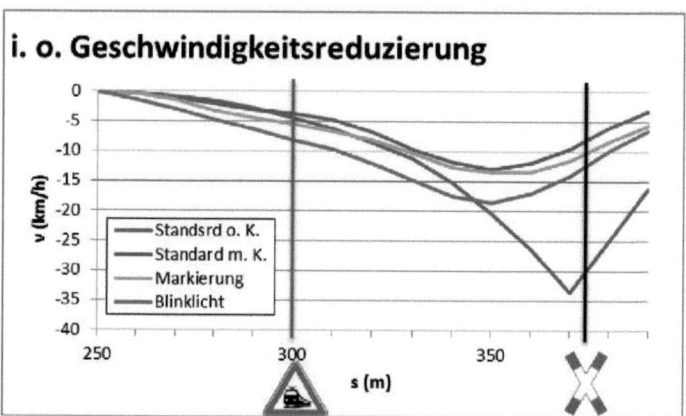

Diagramm 18: Vergleich der Geschwindigkeitsreduzierung innerorts

Hiermit kann innerorts kein Einfluss der Maßnahme Markierung auf die Geschwindigkeit attestiert werden. Der größere Geschwindigkeitsverlust beim Blinklicht resultiert aus der im Fragebogen bescheinigten Angst vor einem Zug, jedoch wird erst bei starker Sichtbeeinträchtigung die Geschwindigkeit ebenso stark verringert.

Auch aus der Betrachtung der in *Diagramm 19* dargestellten minimalen Geschwindigkeiten (v_{min}) geht hervor, dass Sichtbehinderungen (Standard o. K.) einen größeren Einfluss auf die Reduktion haben, als die nahezu gleichauf liegenden Maßnahmen ähnlicher Situation. Zieht man die Abhängigkeit des Abstandes zum Andreaskreuz (s_0) zur v_{min} hinzu, spiegelt dieser im Endeffekt den Punkt wieder, an dem der Fahrer sich entscheidet den BÜ zu queren, da in der Folge wieder beschleunigt wird. Dieser ist bei der Maßnahme Standard ohne Kurve aufgrund der Mauern mit ca. 5 m sehr dicht am BÜ. Auffällig ist, dass trotz der höchsten minimalen Geschwindigkeit die Maßnahme Markierung den Entscheidungspunkt ca. 5 m näher am Bahnübergang aufweist als die anderen Varianten gleicher Situation.

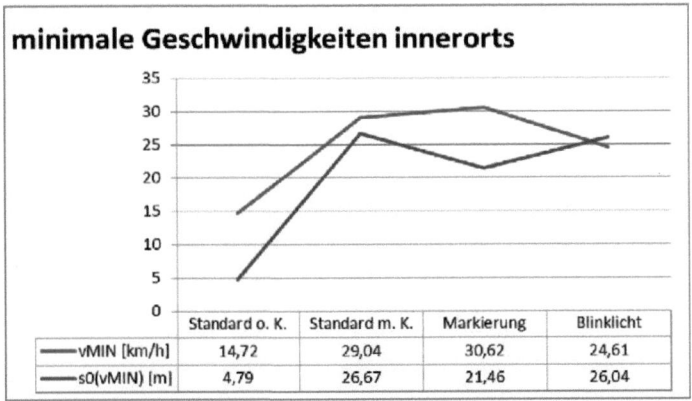

minimale Geschwindigkeiten innerorts

	Standard o. K.	Standard m. K.	Markierung	Blinklicht
vMIN [km/h]	14,72	29,04	30,62	24,61
s0(vMIN) [m]	4,79	26,67	21,46	26,04

Diagramm 19: Minimale Geschwindigkeiten und Abstand zum BÜ innerorts

Durch die Standortbetrachtung (*Diagramm 20, Diagramm 21, Diagramm 22*) bestätigt sich die Wirkung des Blinklichts klar. In den Orten, in denen dieses zum Einsatz kam, liegt das Geschwindigkeitsprofil der jeweils anderen Maßnahme (Markierung bzw. Standard m. K.) um ca. 5 – 7 km/h über dem der pulsierenden Beleuchtung. Mit hierfür verantwortlich ist, dass die Probanden in beiden Varianten der Simulation das innerörtliche Blinklicht immer zuerst gesehen haben und das außerörtliche erst später im Verlauf. Hiermit kann innerorts ein Effekt diese Maßnahme betreffend, aufgrund der ersten Darbietung bestätigt werden, wobei keine Aussagen zur Dauerhaftigkeit dieser Lösung im Rahmen der vorliegenden Arbeit möglich ist.

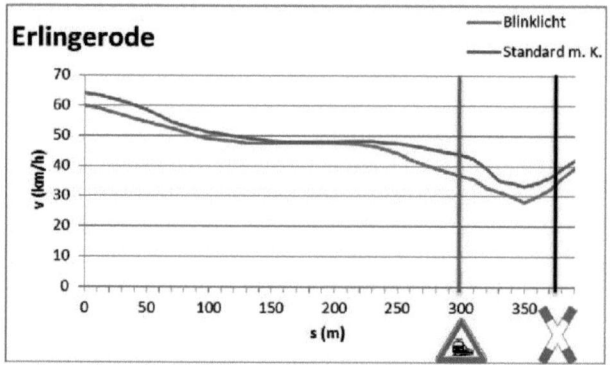

Diagramm 20: BÜ 2 - Standortgeschwindigkeiten

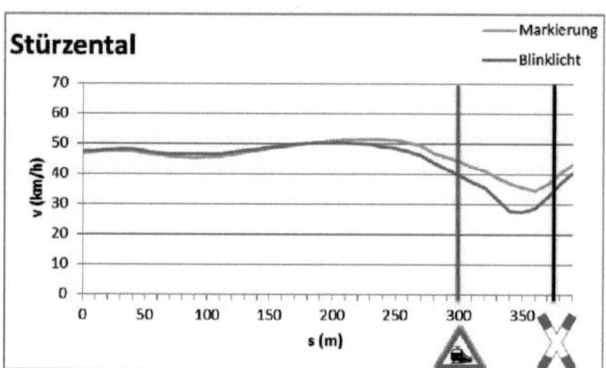

Diagramm 21: BÜ 4 - Standortgeschwindigkeiten

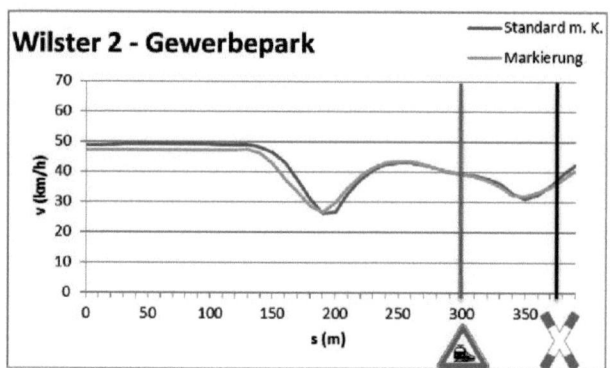

Diagramm 22: BÜ 7 - Standortgeschwindigkeiten

Kopfbewegungen

Im *Diagramm 23* ist das Sicherungsverhalten an den Innerortsbahnübergängen gegen-übergestellt. Im Gegensatz zu den Kopfbewegungen außerorts ist es hier noch schwieri-ger, klare Aussagen zu treffen, da zwischen dem Blinklicht mit 89,58 % und Standard mit Kurve (83,33 %) für die beidseitige Absicherung lediglich 3 Probanden Unterschied herrschen. Auch hier ist der hohe Anteil beim Blinklicht damit zu begründen, dass knapp die Hälfte der Probanden einen Zug erwartet hatte.

Auffällig ist, dass die Maßnahmen Standard ohne Kurve und Markierung die gleichen Anteile an Kopfbewegungen aufweisen. Das legt die Vermutung nahe, dass die Maß-nahme ein ähnliches Blickverhalten wie ein BÜ mit starker Sichtbeeinträchtigung her-vorruft. Dies sollte dennoch mit einer größeren Stichprobe verifiziert werden um eine zufällige Übereinstimmung auszuschließen.

Auch innerorts sind die Anteile ohne Kopfbewegung dem Umstand geschuldet, dass der Großteil dieses Segments aus nicht genutzten Blickdaten besteht. Die Gründe hierfür wurden unter *6.3.1 Außerorts* bereits aufgeführt. Dennoch sticht die Situation Standard ohne Kurve mit der starken Sichtbeschränkung heraus. Hier fuhren 3 von 4 Probanden ebenfalls ohne merkliche Blickbewegung über den BÜ. Jedoch war bei 2 der 3 Teil-nehmer keine einwandfreie Blickaufzeichnung möglich.

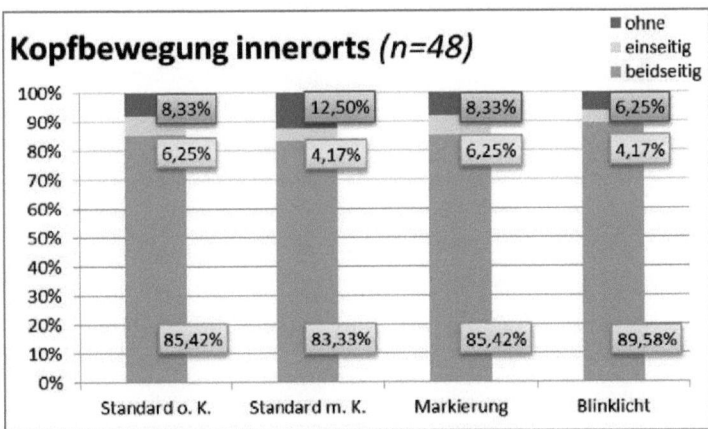

Diagramm 23: Vergleich der Kopfbewegungen innerorts

7 Zusammenfassung

Die vorliegende Arbeit hat gezeigt, dass es multiple Ansätze gibt, Bahnübergänge sicherer zu machen, jedoch konnten in diesem Rahmen lediglich zwei Maßnahmen auf ihre Wirksamkeit hin im Fahrsimulator überprüft werden. Nach der Analyse möglicher Lösungen wurden über eine Bewertung die aussichtsreichsten ausgewählt und in zwei Varianten der Simulation implementiert. Dabei handelte es sich um die Anordnung eines gelben Blinklichtes über dem Gefahrzeichen und die Wiederholung dessen als Markierung auf der Fahrbahn. Weiterhin gab es zwei Bahnübergänge mit Standardbeschilderung von denen eine Sichtbehinderungen aufwies. Da sich die Untersuchung sowohl auf innerorts als auch außerorts Situationen stützen sollte, sind also insgesamt acht BÜ in einer 28 km (ca. 30 min) langen Simulation getestet worden. Das Hauptaugenmerk der Arbeit richtete sich auf die Wirkung der Maßnahmen auf die Annäherungsgeschwindigkeiten und das Sicherungsverhalten in Form von Kopfdrehungen. Die während des Tests erfassten Blickdaten werden in einer gesonderten Arbeit untersucht.

7.1 Fazit

Die Betrachtung des Geschwindigkeitsverhaltens in der Annäherung an die getesteten Bahnübergänge förderte innerorts nur für die Maßnahme Blinklicht tatsächliche Rückgänge um ca. 5 km/h im Vergleich zur gleichen Situation mit Standardausführung (Gefahrzeichen StVO Z151) zutage.

Außerorts ist eine gleichwertige Aussage aus verschiedenen Gründen nicht möglich. Da zwei Simulationsvarianten getestet wurden und die Werte der ersten sich insbesondere beim Blinklicht stark von der zweiten unterscheiden, ist keine eindeutige Erkenntnis zu gewinnen. Ein Fakt der hierzu geführt hat, ist, dass Probanden der ersten Variante eher eine technische Sicherung in dem pulsierenden Licht vermuteten als jene der zweiten. Auch könnte ein Lerneffekt für dieses Ergebnis verantwortlich sein, weil stets zuerst die innerörtlichen Blinklichter den Testern präsentiert wurden.

Die Maßnahme mit Fahrbahnmarkierung wies in beiden Ortslagen nahezu das gleiche Geschwindigkeitsprofil auf wie die gleiche Situation mit Standardeinrichtung. Festzustellen ist, dass lediglich Situationen mit starken Sichteinschränkungen (Mauern oder BÜ in Kurvenlage) zu klaren Reduzierungen der Geschwindigkeit führten.

Das Sicherungsverhalten durch Kopfdrehungen wurde während der Simulation direkt erfasst und in beidseitig, einseitig, ohne gegliedert ausgewertet. Beide Lösungsansätze zeigten stets bessere Werte als die der Standardsituation, wobei auch hier das Blinklicht sichereres Verhalten induzierte. Jedoch sind die Daten der Kopfbewegungen durchaus kritisch zu hinterfragen, da die Unterschiede in der Personenanzahl relativ gering sind.

Nach Stand dieser Arbeit können für die Maßnahme Blinklicht innerorts Verbesserungen im Geschwindigkeitsverhalten und für beide Maßnahmen (Markierung und Blinklicht) aktiveres Sicherungsverhalten – mit der bereits diskutierten Kritik – festgestellt werden.

Der Simulator selbst hat sich als sehr gut handhabbare Laboreinrichtung bewiesen, da trotz der vermeintlich schlechten Grafik und der realen Bewegungslosigkeit ein gutes Gefühl der Fahrsituation vermittelt wird. Einige Probanden regten die Nachrüstung eines Gurtes an, wobei abzuwägen wäre, ob ein von Übelkeit betroffener Tester tatsächlich festgeschnallt werden sollte. Vor allem die leicht erlernbare Programmiersprache und hiermit verbundenen Eingriffsmöglichkeiten sprechen für die Software STISIM Drive®, dennoch ist die meterbasierte Abhängigkeit für dynamische Effekte am Straßenrand eher hinderlich. Auch der Aufwand der Auswertung von STISIM Ergebnisdateien ist etwas umständlich und aufwändig.

7.2 Ausblick

Um ein breiteres Fundament für zukünftige Untersuchungen zu schaffen und ortsbedingten Einflüssen auf den Grund zu gehen, wäre es sinnvoll die vorhandene Simulation nochmals zu testen. Hierbei sollte eine erneute Variation der Maßnahmenstandorte erfolgen und darauf geachtet werden, dass zuerst die außerörtlichen Blinklichter und erst danach die innerörtlichen erfahren werden. Zudem sollte ein neuer Pool an Probanden akquiriert werden. Dadurch würde ebenfalls der Blickanalyse sowie der Betrachtung der Kopfdrehungen ein breiteres Spektrum an Daten zur Verfügung stehen. Auch sollte die Untersuchung von Lern- und Gewöhnungseffekten im Fahrsimulator erfolgen. Hierzu bietet sich vor allem die Maßnahme Blinklicht an, da hier ebensolche Reaktionen zu vermuten sind. Mit einer Simulationsschleife oder mehrmaligen Tests mit den gleichen Probanden könnte hier der Nachweis erfolgen. Auch die Anpassung der verwendeten Simulation für neue Lösungsansätze sowie die Rotation der vorliegenden Maßnahmen ist aufgrund der logisch eingesetzten Unterprogramme (PDE) ohne großen Aufwand möglich. Die Betrachtung Ortskundiger im Modell stellt sich eher schwierig dar, da nach Meinung des Autors auch Tagesabläufe und routinierte Handlungen, welche ein hohes Zeitpotential verlangen, hierfür zu generieren wären.

Für weiterführende Untersuchungen werden die noch auszuwertenden Blickdaten von Interesse sein. Hierbei können Informationen zur Fixationsdauer einzelner Maßnahmen sowie Suchentfernungen (Abstand zum BÜ an dem vermehrt oder erstmalig nach Zugfahrten gesucht wird) Anregungen zur Gestaltung künftiger Maßnahmen bieten. Vermutlich wird der Standort der letzten Absicherung mehrheitlich kurz vor dem Punkt der niedrigsten Geschwindigkeit in Anfahrt an den BÜ liegen. Weiterhin ist zu prüfen, ob die untersuchten Maßnahmen eine Veränderung in der Blickhäufigkeit oder im Zeitpunkt des ersten Suchens aufweisen. Für die bessere Verortung der Daten wäre die Möglichkeit der Interoperabilität der Blicksensorik mit der Simulation wünschenswert.

Neben der Erweiterung der Datenbasis wären auch weitere Maßnahmentests interessant. So könnte das Blinklicht einen Sicherheitsgewinn für technisch gesicherte BÜ schaffen, da diese – laut Fragebogen – auch hiermit assoziiert werden. Diese Option könnte den Unterschied der von Schöne (2009) geforderten rechtzeitigen Unterscheidung in Sicherungsarten für den Straßenverkehrsteilnehmer gut verdeutlichen. Zudem wäre ein Test von Maßnahmen an BÜ mit schlechter Sicht interessant, um zu sehen ob diese zum einen das Verhalten an diesen BÜ verbessern und gleichzeitig das Verhalten an nicht durch Maßnahmen gekennzeichnete Bahnübergänge gleich bleibt.

Weiterhin wurde bereits durch Schlag et al. (2004) und Zodtl (2005) festgestellt, dass Schwellen bzw. Rumble Strips – durch die harte, haptische Rückmeldung – eine Erhöhung der Aufmerksamkeit, sowie verbessertes Geschwindigkeitsverhalten generieren können. Da diese Varianten nicht im Fahrsimulator der Fakultät getestet werden können, sollte hier ein BÜ spezifischer Test als Feldstudie oder in einem anderen Simulator in Angriff genommen werden.

In Verbindung mit einer studentischen Arbeit zu Algorithmen und Skripten (VBA-Programmierung o. Ä.) ließe sich möglicherweise der Aufwand beim Erstellen auswertbarer Tabellen aus STISIM Ergebnissen minimieren. Aufgrund der wachsenden Nachfrage an Simulatortests wäre dies auch eine gute Investition in die Zukunft.

Insgesamt betrachtet, bietet das Feld der Bahnübergänge noch hohes Potential für Forschung und Wissenschaft, da eben jeder Verkehrstote einer zu viel ist. Nur durch das Weiterdenken und die Betrachtung neuer Möglichkeiten kann unsere Welt vorankommen und sicherer werden. „[…] Wissenschaft und Technik werden nicht von Leuten vorangebracht, die etwas glauben, sondern von Leuten, die etwas nicht wissen, aber ihr Bestes tun um es herauszufinden […]" (Jack Cohen in (Pratchett, et al., 2000) Seite 50)

Abkürzungsverzeichnis

Allgemeine Abkürzungen

BÜ   Bahnübergang

LSA   Lichtsignalanlage

LZ   Lichtzeichen

m. K.   mit Kurve

o. K.   ohne Kurve

p. M.   pro Monat (*lat.*: pro mese)

STISIM Drive® Abkürzungen

BSAV   Begin Block Save

ESAV   End Block Save

EVT   Event

PDE   Previously Defined Events

SDL   Scenario Definition Language

Abbildungsverzeichnis

Bilder, die keine Quellenangabe besitzen, wurden vom Autor persönlich erstellt.

Tabellenverzeichnis

Tabellen, die keine Quellenangabe besitzen, wurden vom Autor persönlich erstellt.

Diagrammverzeichnis

Diagramme, die keine Quellenangabe besitzen, wurden vom Autor persönlich erstellt.

Literaturverzeichnis

Barber, Glen. 2010. *The QR National integrated approach.* Australia : QR National, 2010.

Caroll, A., Passera, A. und Tingos, I. 2001. *Vehicle Proximity Alert System for Highway-Railroad Grade Crossings Prototype Research (DOT-VNTSC-FRA-00-05).* Cambridge : MA: U.S. Department of Transportation, 2001.

Der Standard. 2007. derStandard.at | Panorama | Verkehr. *Im Burgenland blinkt die Straße gegen Unfälle.* [Online] 09. November 2007. [Zitat vom: 23. November 2011.] http://derstandard.at/druck/?id=3104581.

EBE Solutions. 2012. Download & Presse. *ebe-solutions.at.* [Online] 29. Februar 2012. [Zitat vom: 29. Februar 2012.] http://ebe-solutions.at/DE/presse/view/.

—. 2010. Verkehrstelematik - ISIS Lane Lights. *ebe-solutions.at.* [Online] 12. April 2010. [Zitat vom: 28. Februar 2012.] http://ebe-solutions.at/uploadfiles/SOL_Folder_ISIS-LL.pdf.

—. 2010. Verkehrstelematik - ISIS Wechselverkehrszeichen. *ebe-solutions.at.* [Online] 16. April 2010. [Zitat vom: 12. Februar 2012.] http://ebe-solutions.at/uploadfiles/SOL_Folder_ISIS-WVZ.pdf.

EBO. 2008. *Eisenbahn-Bau- und Betriebsordnung.* 2008. Eisenbahn-Bau- und Betriebsordnung vom 8. Mai 1967 (BGBl. 1967 II S. 1563), die zuletzt durch Artikel 1 der Verordnung vom 19. März 2008 (BGBl. I S. 467) geändert worden ist.

Freystein, Hartmut, Menge, Jürgen und Ruhs, Wilfred. 2003. Sicherheit an Bahnübergängen - Stand und aktuelle Initiativen in Deutschland und Europa. *Eisenbahntechnische Rundschau.* Dezember, 12 2003, S. 771-782.

Griffeon, Edwin. Sicherheitsmaßnahmen an Bahnübergängen in den Niederlanden. *Vortrag beim Unterausschuss „Sicherheit an Bahnübergängen" des BLFA-StVO und bei der Europäischen Kommission.*

Haase, Wolfgang. 1956. Der Wirkungsgrad von Blinklichtanlagen. [Buchverf.] Friedrich Raab. *Sicherheit am Bahnübergang.* Darmstadt : Carl Röhrig Verlag, 1956, S. 36-41.

Hack, Matthias. 2009. *Wirksamkeit spezieller Straßenmarkierungen an Bahnübergängen.* Studienarbeit. Dresden : Technische Universität Dresden, 2009.

Heilmann, Wolfgang. 1984. *Grundlagen und Verfahren zur Abschätzung der Sicherheit an Bahnübergängen.* Dissertation. Darmstadt : Technische Hochschule Darmstadt, 1984.

Holschemacher, Klaus, [Hrsg.]. 2004. 1. Auflage. Berlin : Bauwerk Verlag GmbH, 2004. ISBN 3-89932-043-3.

Kaube, Joachim. 2006. Verkehrszeichen. *sicherestrassen.de.* [Online] Kaube-Verkehrsfachseminare, 27. Oktober 2006. [Zitat vom: 05. Februar 2012.] http://www.sicherestrassen.de/_VKZ.htm.

Klöpper, Michael. 2010. Feuerwehrmagazin. [Online] 09. April 2010. [Zitat vom: 15. Februar 2012.] http://www.feuerwehrmagazin.de/nachrichten/news/autobahn-funkwarnung-vor-gefahrenstelle-8340.

Lerner, N. D., et al. 2002. *Traffic-Control Devices for Passive Railroad-Highway Grade Crossings.* Transportation Research Board, National Research Council. Washington D.C. : National Academy Press, 2002. NCHRP Report 470.

Menge, Jürgen. 2008. Sicherheit an Bahnübergängen: eine gemeinschaftliche Aufgabe. März, 03 2008, S. 40-53.

Parloir, Cédric und Verschaeve, Johan. 2009. Bahnübergänge in Belgien - Vorbereitungen zur Einführung einer neuen Bauart. *Signal + Draht.* Dezember, 12 2009, S. 26-28.

Pratchett, Terry, Stewart, Ian und Cohen, Jack. 2000. *Die Gelehrten der Scheibenwelt.* [Übers.] Andreas Brandhorst und Erik Simon. München : Heyne Verlag, 2000.

Retzko, H.-G. und Korda, C. 1999. Auswirkungen unterschiedlich zulässiger Höchstgeschwindigkeiten auf städtischen Verkehrsstraßen. *Berichte der Bundesanstalt für Straßenwesen.* Bremerhaven : Wirtschaftsverlag NW, 1999, Bde. Verkehrstechnik, Heft V 65.

Rickel, D. C. 2003. *Low-cost Active Warning Project: Partner's Perspective.* Minnesota : Paper presented at the ITS Minnesota 9th Annual Meeting & Information Exchange, 2003.

Rösiger, Tini. 2006. *Wirkungsüberprüfung eines dynamischen Rückmeldesystems auf das Fahrerverhalten am technisch nicht gesicherten BÜ.* Diplomarbeit. Dresden : Technische Universität Dresden, 2006.

Schlag, Bernhard, Fischer, Thomas und Rößger, Lars. 2004. *Fehlverhalten und Unfälle an unbeschrankten Bahnübergängen.* Dresden : Technische Universität Dresden, 2004.

Schöne, Eric. 2009. Neue Regeln an Bahnübergängen. *Deine Bahn.* Oktober, 10 2009, S. 18-20.

Seehafer, Wolfgang. 1997. Verkehrsgerechte Sicherung von Bahnübergängen. *Eisenbahn-Ingenieur-Kalender.* 1997, S. 109-133.

Shinar, David und Raz, Shmuel. 1982. *Driver response to different railroad crossing protection systems.* s.l. : Taylor & Francis, 1982.

Statistisches Bundesamt. 2012. Unfallursachen. [Online] 13. 03 2012. [Zitat vom: 13. 03 2012.] https://www.destatis.de/DE/ZahlenFakten/Wirtschaftsbereiche/TransportVerke hr/Verkehrsunfaelle/Tabellen/FehlverhaltenFahrzeugfuehrer.html?nn=50922.

StVO. 2010. *Straßenverkehrs-Ordnung.* 2010. Straßenverkehrs-Ordnung vom 16. November 1970 (BGBl. I S. 1565), die zuletzt durch Artikel 1 der Verordnung vom 1. Dezember 2010 (BGBl. I S. 1737) geändert worden ist.

Wester, Rainer. 2008. Kommt ein Zug von irgendwo? [Hrsg.] Fahrgastverband ProBahn e. V. *Der Fahrgast.* April, 04 2008, S. 35-42.

Zodtl, Evelyn. 2005. *Eisenbahnkreuzungsunfälle in Österreich.* IVS-Schriften. Wien : Österreichischer Kunst- und Kulturverlag, 2005. Bd. 22.